儿童高情商养成宝典

儿童性格心理学

李群锋 ◎ 著

古吴轩出版社

中国·苏州

图书在版编目（CIP）数据

儿童性格心理学 / 李群锋著. — 苏州：古吴轩出版社，2017.3（2021.9重印）
ISBN 978-7-5546-0881-4

Ⅰ.①儿… Ⅱ.①李… Ⅲ.①儿童心理学 Ⅳ.①B844.1

中国版本图书馆CIP数据核字（2017）第012908号

策　　划：沐　心
责任编辑：蒋丽华
见习编辑：顾　熙
装帧设计：润和佳艺

书　　名：儿童性格心理学	
著　　者：李群锋	
出版发行：古吴轩出版社	
地址：苏州市八达街118号苏州新闻大厦30F	邮编：215123
电话：0512-65233679	传真：0512-65220750
出 版 人：尹剑峰	
印　　刷：众鑫旺（天津）印务有限公司	
开　　本：710×1000　1/16	
印　　张：15	
版　　次：2017年3月第1版	
印　　次：2021年9月第7次印刷	
书　　号：ISBN 978-7-5546-0881-4	
定　　价：35.00元	

如有印装质量问题，请与印刷厂联系。022-68608697

序言

"望子成龙，望女成凤"是每一位家长的殷切希望。那么，在影响成功的诸多因素中，到底什么是最重要的呢？

"性格决定命运"，这句话相信每一位家长都听说过。正如英国伟大的作家狄更斯所说："一种健全的性格比一百种智慧都更有力量。"毋庸置疑，性格对孩子的成长有重要影响，有什么样的性格就有什么样的人生。所以，培养孩子良好的性格不仅是每一位家长的重要职责，也是家庭教育中最应重视的部分。

有人说"江山易改，本性难移"，性格是天生的，所以很难改变。固然，每个人的性格与气质从出生起就不尽相同，但是只要父母选择了正确的教育方法，精心教养，也一样可以让孩子拥有良好的性格。尤其是在孩子3—6岁期间，这正是一个人性格形成最关键的时期。正如古人所说："少成若天性，习惯如自然。"假如从小培养孩子良好的行为习惯，进行良好的性格铸造，那么这一时期的影响将贯穿孩子的一生。

心理学家将性格分为四大类，分别是：表现型、思考型、领导型和亲切型。这四种性格各有优势，也各有不足之处。这四种性格的划分并没有严格的界限，大多数人的性格中可能同时兼具两种或两种以上的性格特点。因此，作为家长，我们首先应该了解自己孩子的性格属于哪种，或者更倾向于哪种类型；其次，对于孩子性格中好的特质要发扬，缺陷则要及早进行干预，帮助孩子改掉坏毛病，从而帮助孩子塑造更加优秀的性格。

  本书正是为了帮助家长在家庭教育实践中更好地培养孩子的优秀性格而编写的，分上、下两大篇章。上篇主要是介绍孩子的性格类型，对四种性格类型从"性格特征"与"行为分析"两个方面进行了详细介绍；下篇则是孩子性格培养方法的具体指导，对于家庭教育有很强的实践意义。每一小节都由典型案例和分析指导两方面组成，深入浅出，既以形象生动的事例说明道理，又为家长朋友们提供性格培养的理论支持，同时还列举了行之有效的教育方法。

  俄罗斯著名教育学家乌申斯基曾经说过：良好的性格就如同人们在自己的神经系统中存放的资本，在人的一生中，都会享受到这一良好资本不断增值所带来的"利息"；而坏的性格就好像一笔永远也无法还清的"债务"，而其不断增长的利息则是一种折磨，令他无法成功，直至最后"人生破产"。那么，当家长朋友们已经认识到性格对于孩子一生影响的重要性，就请打开这本书，让我们一起学习如何培养孩子良好的性格，帮助他们成长为一个性格好、情商高的人。

李群锋

2017年1月书于群峰教育集团

目 录

上篇 懂点性格心理学，
破译孩子性格背后的心灵密码

第一章 孩子性格大不同：走进孩子的彩色心灵世界

表现型性格的"红色孩子"如是说 / 004
- ★ "我是一团热情的火" / 004
- ★ "小小舞台，舍我其谁" / 006
- ★ "我就是个'人来疯'，哈哈" / 007

思考型性格的"蓝色孩子"如是说 / 010
- ★ "我的心是蓝色的海洋" / 010
- ★ "为什么我不能飞" / 011
- ★ "这套乐高我能拼好几种图形" / 013

指导型性格的"黄色孩子"如是说 / 015
- ★ "我是'孩子王'，大家跟我走" / 015
- ★ "你们不听我的，就不要玩" / 016
- ★ "我给大家说一下游戏规则啊" / 018

亲切型性格的"绿色孩子"如是说 / 021
- ★ "妈妈，会不会有鬼啊，我怕" / 021
- ★ "小海鸥找不到妈妈了，它会伤心的" / 022
- ★ "我不想跟他们一起玩儿，太吵了" / 024

第二章 表现型孩子多外向，家长要赏罚分明

表现型孩子的性格心理ABC / 028

★善良：自带温暖他人的力量 / 030

★自信：自告奋勇地参加活动 / 032

★热情：什么都想参与和帮忙 / 033

★主动：敢于争取表现自己的机会 / 035

★责任心：对分配的任务很认真地完成 / 037

★顽强不屈：遇到挫折不哭鼻子 / 039

★乐观：在他心里没什么大不了的事 / 040

★懂分享：从小就有分享意识 / 042

面对表现型孩子，聪明父母教养有妙招 / 044

★若是性格优势就给予鼓励 / 044

★循序渐进，逐步增加学习难度 / 046

★肯定孩子，有针对性地进行表扬 / 047

★奖罚分明，让孩子明白对错 / 049

★孩子闯祸和犯错，别总当"消防员" / 051

★和谁做朋友，让孩子自己决定 / 053

第三章 思考型孩子内心多细腻，家长要多点拨和肯定

思考型孩子的性格心理ABC / 056

★敏感：内心细腻，注重细节 / 058

★睿智：爱思考，谨慎又腼腆 / 060

★专注：注意力集中，喜欢研究 / 061

★服从：乖巧听话，不善拒绝 / 063

★乐于合作：懂得配合，有团队意识 / 065

★严谨：思路清晰，做事有条理 / 067

★追求完美：讲秩序，重规则 / 068

★脆弱：内心敏感，自尊心强 / 070

面对思考型孩子，聪明父母教养有妙招 / 072

★不吓唬、不威胁，给孩子足够的安全感 / 072

★肯定孩子的进步，增强其自信心 / 074

★发掘孩子的闪光点，变自卑为自信 / 075

★人前不教子，保护孩子的名誉和自尊 / 077

★引导孩子把想法变成行动 / 079

★乖巧不等于忍让，教孩子适时说"不" / 081

★孩子不善表达时，多引导、多鼓励 / 083

第四章 指导型孩子多叛逆，家长要多包容和引导

指导型孩子的性格心理ABC / 086

★调皮：活泼好动，爱搞破坏 / 088

★叛逆：对着干，你说东他偏说西 / 090

★争先：自信勇敢，锐意进取 / 091

★不安分：敢于反抗权威，打破常规 / 093

★心善：外表坚强刚毅，内心仁爱柔软 / 095

★鬼点子：思维活跃，别具一格 / 096

★嘴硬：爱面子，心里知道错了，嘴上不承认 / 098

面对指导型孩子，聪明父母教养有妙招 / 100

★教育"小领导"，压制不如引导 / 100

★让孩子"动"起来，帮孩子改掉"多动症" / 102

★给孩子封"官"，发挥其领导力 / 103

★孩子的无理取闹，要温和而坚决地制止 / 105
★创设情境，让孩子学会尊重他人 / 107
★义气分好坏，教孩子做帮手而非"帮凶" / 109
★通过言传身教，让孩子真诚地认错和道歉 / 111

第五章 亲切型孩子多胆小，家长要多鼓励和陪伴

亲切型孩子的性格心理ABC / 114
★自卑：内向羞涩，不爱表现 / 116
★胆怯：胆小脆弱，缺乏勇气 / 118
★自我：有主见，有个性，不反抗 / 120
★拖拉：慢性子，遇事不慌忙 / 121
★孤僻：腼腆胆小，不喜欢被打扰 / 123
★软弱：温柔和善，不敢说"不" / 124
★沉默：什么事都藏在心里 / 126

面对亲切型孩子，聪明父母教养有妙招 / 128
★陪伴和鼓励，帮孩子克服恐惧 / 128
★别让虚假的怪物吓破孩子的胆 / 130
★创造机会，帮孩子克服害羞交朋友 / 132
★信任孩子，是对孩子最好的鼓励 / 133
★别催，多给孩子一些时间 / 135
★鼓励孩子多开口，培养良好的表达能力 / 137
★欣赏孩子，发掘孩子的潜能 / 138
★学着坐第一排，鼓励孩子的竞争意识 / 140

下篇 用爱赢得孩子的心，
帮孩子塑造迷人好性格

第六章 懂感恩的孩子，性格和灵魂中充满香气

百善孝为先，于言传身教中学感恩 / 146

将感恩教育融入点滴生活之中 / 148

将他人的善意和帮助放在心里 / 150

避免关爱泛滥，教孩子替他人着想 / 152

让孩子在关爱家人中体会感恩 / 155

第七章 放手去爱，孩子性格才会更独立和坚强

遇到难题，让孩子试着自己解决 / 158

自己的事情自己做，自己的责任自己担 / 160

不剥夺孩子的"第一次"尝试机会 / 162

孩子之间的矛盾，大人不要随意插手 / 164

吃一堑长一智，没有教训就没有成长 / 166

分离期，允许孩子适当释放坏情绪 / 168

第八章 优秀社交力和好人缘，彰显孩子恭谦有礼好性格

找准榜样，让孩子懂得文明礼让 / 172

分享让孩子更快乐，还能赢得更多 / 174

学会换位思考，孩子才更有同理心 / 176

教孩子原谅，重拾友谊和快乐 / 178

道歉很重要，真诚地道歉更重要 / 180

第九章 用爱制止和引导，带孩子远离坏性格

潜移默化地引导孩子甩掉"小霸王"称号 / 184

孩子任性妄为，分散注意力或冷处理 / 186

制止和引导，让孩子远离自以为是的泥沼 / 188

嫉妒是自我意识的觉醒，家长可及时疏导 / 191

弄清孩子为何说谎，了解原因比责骂更重要 / 193

不过度溺爱或严厉，走出偏执狭隘的迷宫 / 195

营造好环境巧疏导，制止孩子的歇斯底里 / 197

第十章 正确识别孩子的逆反心理，安抚孩子的反常情绪

人小鬼大，三岁的孩子也"叛逆" / 200

孩子的沉默，可能是无声的抗议 / 202

孩子对着干，试着让他做选择题 / 204

孩子叛逆，不妨蹲下来与他平等对话 / 206

读懂孩子真实内心，再进行正面管教 / 208

别跟孩子较劲，关键时刻要适可而止 / 210

看穿孩子骄傲背后掩藏的自卑 / 212

夸张的行为，只因想引起大人的注意 / 214

附 录

称职父母最应该知道的好性格养成记 / 216

上 篇

懂点性格心理学,破译孩子性格背后的心灵密码

第一章
孩子性格大不同：走进孩子的彩色心灵世界

 表现型性格的"红色孩子"如是说

"我是一团热情的火"

安安是个活泼开朗的小男孩,待人接物都充满了热情。无论走到哪里,在同龄的孩子中,他总是最讨人喜欢的那一个。

每当家里来了客人,安安总是表现出极大的热情:自告奋勇地帮客人拿拖鞋、端茶水,陪客人们聊天,像一只讨人喜欢的小八哥。在幼儿园,安安是老师最得力的小助手,帮老师分食物、发工具,好像浑身有用不完的劲儿,整天忙得不亦乐乎。在和小朋友们相处时,安安总是理所当然地成为"小领导",无论和谁,他都能相处得很愉快,大家也都很愿意听他指挥。即便在面对素不相识的陌生人时,安安也充满了无限的热情:从很小的年纪起,他就能比较准确地判断出对方的身份,是该叫"哥哥、叔叔、爷爷",还是"姐姐、阿姨、奶奶",小嘴巴甜得像抹了蜜,叫得大家心花怒放,一个劲地夸:"这孩子真懂事!"

待人接物充满热情,不仅可以让孩子成为一个广受欢迎、人见人爱的

可人儿，还会对孩子今后的人际交往、家庭关系和事业发展产生积极的影响。与性格内向腼腆的人相比，开朗热情的人更容易融入周围的环境，得到他人的认可，并建立起和谐良好的人际关系。

同时，一个充满热情的人，通常有着强烈的好奇心和不屈不挠的探索精神，对待新鲜的事物也充满着积极探索的欲望，而这些，都是影响一个人事业成功的关键因素。

因此，几乎每个家长都希望自己的孩子能像安安那样热情、开朗、大方、活泼。但很多家长却认为孩子的性格是与生俱来、不可改变的，面对自己孩子怯懦、胆小、内向、沉闷的性格，他们除了叹气，别无他法。事实上，性格的形成也受后天环境和教育的影响。尤其是在孩子的幼年时期，性格尚未定型，如果家长在这个时候有意识地去塑造、去培养，孩子的性格是可以改变的。

面对内向的孩子，家长要鼓励他们多和身边的人打交道，教他们热情待人，这是培养孩子开朗、热情性格的关键一步。心怀善意、真心助人，教会孩子感受生活中一点一滴的美好，孩子自然就会对生活怀有美好的情感，在待人接物时也能充满热情和善意。

热情，是性格外向型孩子最明显的特点。他们渴望与人交往，愿意分享，同时，也非常希望得到别人的肯定与赞美。但是，作为父母，也要适时提醒孩子不要热情过了头。比如，要让孩子知道在公共场合大声喧哗、肆意吵闹，是不礼貌、没有教养的表现；热情要控制在合理的范围内，要以不影响他人、不妨碍他人为底线等。否则就会适得其反，引起他人的反感。

"小小舞台，舍我其谁"

薇薇妈妈到幼儿园接薇薇时，发现孩子撅着嘴，一副闷闷不乐的样子，便逗她："今天我们家的'小八哥'怎么不高兴了？"薇薇用力地一跺脚，大声喊道："我不喜欢唐老师！"然后便跑出了教室。

一脸尴尬的妈妈和唐老师交流后，很快弄清了事情的原委。原来，今天班级有一节公开课，很多其他幼儿园的老师都来听课，还有几个是外籍老师。薇薇在课堂上表现得特别活跃，这本来是件好事，可薇薇似乎有些兴奋过头。每次老师提问，她都第一个把手举得高高的，甚至从座位上站起来，发出"哦！哦"的叫声，以吸引老师的注意；有时候甚至不等老师点名，她就自顾自地站起来大声回答。唐老师叫她回答了几个问题之后，想把参与的机会分给其他小朋友，于是便不再叫她。可是在其他小朋友回答问题时，她也在下面跟腔，甚至比站起来回答的小朋友更加大声。唐老师提醒了她几句，薇薇便很不高兴，还乱发脾气，把彩色铅笔都扔到了地上。

"薇薇在课堂上愿意积极参与互动、表现自己，这是好事，可是任何事情都是过犹不及。"唐老师斟词酌句地说，"其实我也很矛盾。批评薇薇吧，怕挫伤孩子的积极性；可是如果不约束她一点，又怕会养成她的优越感，对今后的性格发展造成不好的影响。"

对于外向型性格的孩子来说，"爱表现"是他们的一个显著特征。美国心理学家马斯洛提出人的需要可分为五个层次，分别是：生理需要、安全需要、社交需要（包括爱和归属感）、尊重需要和自我实现需要。孩子们

的爱表现则正是自我实现需要的体现。

马斯洛认为，在追寻自我实现需要满足的过程中，人们所表现出来的聪明才智、理想抱负若能得到实现，就会获得极大的满足和成就感，会带来最巅峰的喜悦和快乐体验，这也是外向型的孩子乐意并勇于抓住一切机会表现自己的原因所在。

然而，正如唐老师所说，"小小舞台，舍我其谁"的勇气固然可嘉，孩子乐于参与、勇于表现的积极性也值得肯定。但是，如果孩子过于喜欢表现自己，总爱抢风头，为引起老师的关注和其他人的羡慕而过度张扬，就很容易滋生优越感和虚荣心，导致他们只在乎华而不实的掌声，而忽视内心真正的需要，长此以往，会造成性格发展的不平衡。同时，一味追求自己成为众人的焦点，容易导致孩子不懂得尊重他人，从而引起他人的反感，以致被孤立。这不仅会影响孩子当下的性格和心理，对孩子今后的生活和人际交往也会有不良的影响。

"我就是个'人来疯'，哈哈"

阳阳是个聪明活泼的小男孩，平时也挺乖巧，可一旦家里来了客人，就完全变成了一个"人来疯"。

这不，爸爸调到一家新公司，第一次邀请新同事来家里做客，客厅就变成了阳阳尽情表演的"大舞台"：他一会儿打开电视机，把音量调到最大，学着电视剧里的人怪腔怪调地说话；一会儿蹦到沙发上，说是给大家表演"蹦床"，跳上跳下，结果打翻了杯子；一会儿把自己所有的玩具都倒腾出来，堆得客厅里满地都是，让客人们几乎无处下脚；一会儿又冲到客人面前，做出各种各样的鬼脸，逗得大家哈哈大笑……妈妈提醒他好多次，让他安静一些，好让大人们说说话，可是阳阳就像没听到一样，依旧像个猴子一样上蹿下跳。

妈妈端来水果，阳阳热情地往每个人手里塞，有的客人不吃，他甚至硬塞到人家嘴里。客人有些尴尬地夸赞阳阳热情活泼，可妈妈的脸色却越来越难看。终于，当阳阳拿起自己最喜爱的冲锋枪，对着所有客人一阵"扫射"，还要求客人们表现出中弹倒地的样子时，妈妈忍不住发火了。她一把抓住阳阳的手，把他拖回房间。

阳阳拼命挣扎，大声哭叫，一边哭一边把房间里的东西扔到地上。虽然妈妈关了房门，可是阳阳的哭声依然清晰地传到了客厅。在哭声中，不安的客人们纷纷起身告辞，好好的一次聚会又被阳阳搞砸了。

类似的情况大概每个爸爸妈妈都遇到过。很多孩子在人多的时候总是表现出异乎寻常的活跃和兴奋，即便是平常看起来安静乖巧的孩子也不例外，大家把这样的孩子称为"人来疯"。

那么孩子为什么会"人来疯"呢？我们可以从内因和外因两个方面来认识。

首先，从内因来看，年幼的孩子通常以自我为中心，这是3—6岁孩子的思维特点。他们渴望得到外界的注意和肯定，尤其是大人们的赞美和表扬；但同时，他们又无法顾及别人的想法和感受，不会想到自己的过度表演对他人来说其实是一种干扰，因此很容易在有客人来访时"人来疯"。

其次，从外因来看，陌生的客人或新鲜的环境对孩子来说是一种刺激。孩子长期生活在家庭和幼儿园这两个比较熟悉安定的环境当中，对身边的人、事、物都有一定程度的厌倦心理，常常会渴望接触新的环境。一旦环境改变，孩子就会不可控制地表现出兴奋和激动，并且难以安静下来。

一般而言，孩子的"人来疯"现象随着年龄的增长会逐步改善和消失。但是作为父母，还是要有针对性地对孩子进行引导和教育。比如：平日里多教孩子一些迎来送往的待客之道；在客人到来之前给孩子打预防针，告诉孩子要有礼貌、守规矩；客人来到后，也不要冷落孩子，适当地让孩子参与到与客人的互动中，如热情招待、适当表演等。

思考型性格的"蓝色孩子"如是说

"我的心是蓝色的海洋"

豆豆和蔻蔻是一对龙凤胎,长相相同性格却天差地别:豆豆是哥哥,性格温和沉静,做事很有条理,喜欢一个人安静地玩耍;而妹妹蔻蔻却常常站没站相,坐没坐相,让她安静一会儿都难,闹得爸爸妈妈一度怀疑她有多动症。后来他们去咨询了心理学专家,才知道原来妹妹蔻蔻属于爱表现型的"红色孩子",而哥哥豆豆则属于爱思考型的"蓝色孩子"。

豆豆在幼儿园里非常受老师的喜爱。他听话、乖巧,安安静静,尊重师长,通常老师说什么就是什么,很少调皮捣蛋。比如,老师让孩子们完成一项手工作业,并要求按照六个步骤完成,那么豆豆就会按部就班地一步一步做,六个步骤,一个不多,一个不少。但这并不表示豆豆没有自己的想法,相反,豆豆是一个很有主见、喜欢思考的孩子,听话并不意味着盲从,他只是更加喜欢做事有逻辑、有条理而已。

这从豆豆的卧室就可以看出。虽然只上幼儿园大班,但豆豆却把卧室收拾得干干净净、整整齐齐。和妹妹蔻蔻东西到处乱扔、杂乱无章的卧室

截然不同,豆豆房间里的东西都摆放有序,甚至连抽屉里的物件也摆放得井井有条。有时候妈妈打扫卫生,挪动了豆豆的东西,最后忘记将它们放归原位,豆豆就会很不高兴,非要妈妈把东西放回原来的位置才行。

《非诚勿扰》的早期嘉宾乐嘉曾经提出"颜色人格学",在当时受到了很多人的关注。事实上,性格色彩学是实用心理学的一门分科。研究发现,一个人喜欢什么颜色和他的性格有很大的关系,而他所喜欢的颜色也能折射出他的性格特点。这对孩子来说也同样适用。

如果说表现型的孩子像一团火,充满着活力和热情,属于红色性格,那么思考型的孩子就如那沉静蔚蓝的海洋,稳重、低调,充满着像海洋一般神秘的气质。与"红色孩子"爱说、爱唱、爱表现不同,"蓝色孩子"更加内敛、含蓄,他们善于思考、遵守规则,尤其喜欢和老师、朋友进行思想层面上的沟通与交流。他们酷爱规律和逻辑,做事慢条斯理却又富有逻辑。

毋庸置疑,拥有蓝色性格的孩子在学校里都很受欢迎。但是他们也有这一性格特征所带来的缺点:敏感多疑,害怕与陌生人打交道,害怕融入陌生的环境;爱思考,却也容易钻牛角尖;注重细节而忽略大局。因此,家长在教育蓝色性格的孩子时,一定要注意他们的性格特点,努力为他们提供一个舒适放松的环境,并有意地粗线条一些,帮助孩子养成大气的个性,让他们真正成为一个拥有海洋一般宽广心胸的人。

"为什么我不能飞"

飞飞是个安静的孩子,在大人们的眼里,"乖巧"、"懂事"是他的标签。可是在爸爸妈妈的眼里,他就是"十万个为什么"。"妈妈,我是从哪里来的？是从你肚脐眼里出来的吗？""妈妈，你说一会儿陪我玩，'一会儿'是什么时候？""爸爸，为什么蛇没有脚，也能溜得那么快？""爸爸，爷爷死了以后去了哪里？天上真的有天堂吗？"

一个接一个的问题有时候令爸爸妈妈啼笑皆非、难以回答。在绝大多数情况下，爸爸妈妈都会比较耐心地回答飞飞的问题，可是不论何时何地地不停提问，有时也会令爸爸妈妈感到不耐烦。尤其是当听到一些在他们看来匪夷所思、带有捣乱性质的问题时，他们会生气，甚至会训斥飞飞。比如，在带飞飞看鸟展时，别的孩子都对鸟儿鲜艳的羽毛、形态各异的喙感到新奇着迷，飞飞却一言不发，带着沉思的表情盯着鸟儿，突然发问："妈妈，为什么鸟儿能飞，我却不能飞呢？"

"小鸟有翅膀，你没有啊！"

"那为什么我没有翅膀呢？你为什么不给我生一对翅膀出来呢？"

妈妈回答不出来，只好训斥飞飞："好好看小鸟表演，干吗问这么多稀奇古怪的问题！"

被训斥了的飞飞闭上了嘴，可是脸上闷闷不乐的表情，一直伴随到回家。

爱提问，这或许是每一个"蓝色孩子"的特点，因为他们都是喜欢探求、勤于思索的小人儿。他们不但对一切新奇的事物充满着好奇，即便是一些司空见惯的东西也会引起他们的求知欲。比如：太阳的东升西落，海洋的蔚蓝无边，植物的花开花落……他们不仅感到好奇，还想搞清楚这里面隐藏的奥妙和玄机。可是，面对这么多的"为什么"，爸爸妈妈们并不是每一次都能够回答出来。尤其是当他们觉得孩子的问题幼稚无聊，甚至怀疑孩子是有意捣蛋时，不仅会失去耐心，还会斥责孩子。这样的做法会严重地打击孩子乐于思索、勇于探究的积极性。

研究发现，孩子们对于知识的渴望和追求远远超过了大人们的想象，尤其是对喜欢思考的"蓝色孩子"来说，不耐烦地回避和粗暴地打断会将他们这一优秀的品质扼杀在摇篮里。因此，家长不仅应对孩子爱提问的性格感到高兴，更应该竭力鼓励孩子多思考、勤提问。对孩子的提问不能敷衍了事、胡乱回答，而是要有足够的耐心，尽量以科学的态度来回答。即便不知道答案，也可以通过查阅图书资料、网上查询等多种方式和孩子一起寻找答案。这一过程不仅满足了孩子的好奇心，同时也保护了他们强烈的求知欲，这对孩子今后一生的发展都至关重要。

"这套乐高我能拼好几种图形"

周末，妈妈带茂茂到同事家玩。一进门，茂茂乖巧地叫了声"秦阿姨"，之后就不怎么开口了，一直乖乖地依偎在妈妈的身旁。秦阿姨问他想吃什么、玩什么，他都礼貌地摇头。妈妈略带抱歉地说："他这孩子不怎么爱说话，就喜欢搭积木。"

"搭积木？"秦阿姨眼睛一亮，拉着茂茂的手走进书房，"茂茂你看，这是大哥哥小时候最爱玩的乐高积木。现在大哥哥上大学去了，积木都散在角落里，你能帮阿姨拼起来吗？"

茂茂盯着积木，大眼睛忽闪忽闪，露出惊喜的光芒。虽然还稍稍有些羞涩，但他还是很自信地点点头，走过去，拿起积木，很快就沉浸在自己的世界里。他手里拿着积木，时而仔细端详，似乎在琢磨究竟将它放在哪里合适；时而皱着眉头思索，好像在考虑究竟要用它拼出一个什么造型；时而又退后几步，歪着小脑袋，上下左右地审视自己已经搭好的积木，仿佛在研究应该如何改进才能让它看起来更漂亮。茂茂搭积木的速度并不快，但渐渐地，积木在他的手中显出了雏形，最后，终于拼好了。

"茂茂真棒！"秦阿姨竖起大拇指，"能告诉阿姨，你拼的是什么吗？"

"是一个儿童乐园。"茂茂指给秦阿姨看，"你看，这是游乐场，这是玩具房，这是喷水池……"茂茂一改刚刚的沉默寡言，滔滔不绝，笑容始终洋溢在他自信的小脸上。

很多蓝色性格的孩子都有一个共同的特点：不太爱说话。尤其在和陌生人相处时，他们往往沉默寡言。事实上，"蓝色孩子"的情感尤其细腻，对环境的变化特别敏感，只是因为比较内向，所以显得胆小谨慎，不像红色性格的孩子能很快融入新的环境。因此，为蓝色性格的孩子创造一个能令他们感到放松舒适的环境尤为重要。没有什么比鼓励和赞美更能让他们充满自信的了，而一旦有了自信，他们性格中不善于与人沟通的缺陷就能得到弥补。有了自信，他们就会乐意与他人交往，更乐意参与到集体活动中去。

请注意，对于蓝色性格的孩子来说，过多的压制和批评绝对是大忌。因为他们大多数都是行为端正、听话的好孩子，一个否定的眼神就能够让他们意识到自己的错误，进而改正自己的不良行为。大声叱骂和指责只会让孩子不知所措，变得更加胆小拘谨。

第一章

 指导型性格的"黄色孩子"如是说

"我是'孩子王',大家跟我走"

斌斌的小姑姑成为幼儿园的一名教师,大家在酒店为她庆祝。

酒席上,斌斌的爸爸举起酒杯说:"恭喜妹妹从此成为'孩子王'……"

话音未落,斌斌就大声说:"我才是'孩子王'!"

大家一听,全都笑了。当真不错,斌斌在幼儿园就是一个典型的"孩子王"。

在班级里,斌斌不是年纪最大的,也不是个头儿最高的,但就是有一种"领导范儿",小朋友们都愿意听他的话。他最喜欢的事就是帮助老师管小朋友。比如说,吃饭的时候,他帮助老师监督小朋友是否做到了"光盘";睡觉的时候,他帮助老师巡视一圈,看是否每个小朋友都乖乖地闭上了眼睛,然后自己才上铺睡觉;排队的时候,他最乐意帮助老师维持队伍的秩序;上课的时候帮老师分发工具、文具则是他最爱干的事。

老师很喜欢斌斌这个小助手,但有时,这个小助手也会令老师感到头疼。虽然斌斌喜欢管小朋友,但很多时候,他管不住自己。他爱打爱闹,

偶尔还喜欢搞点恶作剧，即便在课堂上，他也会忘记自己身处何地，和周围的小朋友说说笑笑。老师批评他，他有时还会不服气，和老师顶几句嘴。斌斌还容易冲动，有两次甚至动手打了其他小朋友。老师觉得他最乖的时候，大概也就是帮助老师管理小朋友的时候吧。

显而易见，斌斌是个指导型性格的孩子，这种性格类型也可以叫作"领袖型"。这类孩子大都外向、勇敢，有很强的领导欲望，喜欢指挥别人，也有一定的领导能力。这样的孩子富有性格魅力，有坚强的意志和灵活的头脑，特别富有正义感，因此在孩子们中间很受欢迎。

但这类孩子由于个性太过鲜明，所以他们身上的缺点也很显著。正如斌斌一样，他虽然是个不错的"小小管理者"，但是却常常无法管住自己。因为精力充沛，所以调皮捣蛋；因为性格倔强冲动，所以常常不服管教，敢于挑战权威；因为喜欢以自我为中心，所以往往藐视规则，不顾他人感受。

并不是每个指导型性格的孩子都能成为领袖或者英雄，要想成为真正的领袖和英雄，就必须克服自身的弱点和缺陷，这正是我们为人父母应该帮助他们的。不要企图对这一类型的孩子实施高压政策，有时候，"怀柔"更容易令他们"臣服"，从而听从管教。

"你们不听我的，就不要玩"

周末，妈妈带着青青和小姐妹们聚会。大家都带了孩子，孩子们的年龄又相近，于是，很快就分成了两个阵营：大人们喝茶谈天，孩子们在大厅的"童话城堡"玩耍。

突然，一阵撕心裂肺的哭声吓坏了妈妈们，妈妈们冲出去一看，原来是青青坐在地上号啕大哭。

"怎么了，青青？"妈妈连忙问。

"他们不跟我玩，还打我！"青青指着一个小男孩，哭着说。

"是她先打我们的！"小男孩委屈地申辩。在青青的哭诉和孩子们七嘴八舌的描述中，妈妈终于搞清了事情的原委。

原来，在大家还没进入"城堡"之前，青青就大声宣布由她来安排角色分配，有的扮演巫婆，有的扮演王子，有的扮演侍女和侍从，而她给自己分配了个最好的角色——公主。有的孩子不乐意，她就堵住"城堡"的门，不让其他孩子进入。最后大家终于都同意了，可是在玩耍的过程中，又出现了矛盾：根据情节，青青扮演的公主要吃下毒苹果，昏迷，等待王子来救。可青青偏要把剧情反过来，让王子吃下毒苹果，她来扮演"英雄"，拯救王子。吵吵闹闹了一阵子，第一次演出就稀里糊涂地结束了。

按照约定，第二次扮演时，大家的角色要互调，可是轮到青青扮演巫婆时，她怎么也不乐意。大家很生气，有的小朋友说不愿意再跟她玩了，她冲上去就把小朋友往"城堡"外推，还大声嚷嚷："谁不听我的，谁就不要玩！"小男孩上去拉她的手，被她在背上打了一巴掌，小男孩生气了，也狠狠地还击了两下，青青便开始大哭起来。

妈妈听了直叹气："青青，你在家里是个小霸王，到了外面怎么还这么霸道呢？"

很显然，青青虽然是个小女孩，但有着鲜明的指导型性格。她喜欢指挥别人，希望所有的人都听她的话。虽然领袖型性格有其独特的魅力，但假如过于强势，就会演变成霸道、蛮横、不讲理，因而很难得到大家的喜欢。

对于指导型性格的孩子，父母要教育他们，让他们明白：领袖之所以能成为领袖，一定是因为有杰出的才能或者独特的本领，要以才服人、以理服人，才能令大家心悦诚服，而粗暴的号令只能适得其反。

但是家长一定要记住：指导型性格的孩子大多脾气刚烈，逆反心理强，不会轻易屈服于权威。因此在教育孩子时，一定要讲究方法、策略，不能用简单粗暴的态度强行压制，而应该也做到以才服人、以理服人。要知道，这一类孩子重感情、讲义气，尤其钦佩比自己强的人，只要他们心悦诚服地承认你作为家长的权威，就一定会服从你的管教，接受你所讲的道理。

"我给大家说一下游戏规则啊"

张叔叔带儿子培培到鑫鑫家玩，两个孩子年纪相仿，很快就熟悉起来，玩到了一起。

可是没过多久，房间里就传出了争执声。两个爸爸跑过去一看，两个孩子横眉怒对，谁也不让谁。

"怎么了？刚刚不是还玩得好好的？干吗吵架？"爸爸问。

"鑫鑫说话不算数。"培培气呼呼地告状，"我们玩动物飞行棋，鑫鑫一开始说小的动物先开始，因为大的要让着小的，我同意了。他老鼠，我大象，他先开始，我输了。第二盘他说小动物比大动物灵活，所要让大动物先行，我也同意了。他是水牛，我是兔子，我又输了。第三盘他说赢的人有权利先行，所以他要先行，我没办法，只有同意，又是我输了。第四盘我说让我先行一次，每次都是他先行，每次我都是输，但他就是不肯……"

培培说得哭了起来,爸爸责备鑫鑫:"你做哥哥的,都不让着弟弟!"

"我是哥哥,弟弟当然就得听哥哥的。"鑫鑫脖子一歪,大声说。

"可弟弟是客人啊,你总得有点小主人的样子嘛!"

"我是主人,他是客人,客人当然得听主人的呀!"鑫鑫眨着大眼睛,狡黠地说。

"你不讲规则,我不和你玩了!"培培大声说。

"规则是什么?"鑫鑫不屑一顾地嗤笑了一声,"不玩就不玩,这是我家,我说怎么样就是怎么样,这就是规则!"

爸爸的巴掌落在鑫鑫的屁股上,鑫鑫开始大哭起来,但即便这样,他还是紧紧地抱着自己的飞行棋,不肯放下来。

指导型的孩子喜欢发号施令,希望每个人都听从他的命令,所以,他通常是规则的制定者;但是他自己却常常不愿遵守规则,成为规则的违反者,甚至还会因自己的喜好而随心所欲地更改规则。这在集体活动

中是很难得到大家的信服的，因此，这一类的孩子长大后人际关系也不会太好。

要解决这个问题，必须从孩子小时候入手。的确，从孩子小时候起，如何让指导型性格的孩子遵守规则是每一位父母都比较头疼的问题，因为他们太有主见了，又非常倔强。所以最后，很多父母都会像鑫鑫爸爸那样，忍不住将巴掌落在孩子的身上。

不要指望孩子这样就会屈服，在接下来的时间里，他们会更加报复性地违反规则、破坏规定、不守规矩。要想让指导型性格的孩子遵守规则，首先要让他们从内心认可并接受规则，最好是让他们参与到规则的制定中来。但是必须事先跟他们讲明：在规则面前，人人平等。规则不可以随心所欲地破坏或更改，假如违反规则，就要接受相应的惩罚。指导型的孩子虽然脾气倔强，却比较重承诺、守信义，这一点是保证他们能够遵守规则的重要条件。

第一章

亲切型性格的"绿色孩子"如是说

"妈妈,会不会有鬼啊,我怕"

斌斌是个可爱、乖巧的小男孩,可就是有个致命的缺点:太胆小,还爱哭。当初爸爸妈妈给他起名叫"斌斌",就是希望他文武双全,可是在幼儿园里,大家都叫他"胆小鬼"。

斌斌害怕的东西很多:软软的小虫子、黑黑的屋子、闪电、雷鸣,甚至幼儿园里的滑梯他都害怕。现在斌斌上大班,在老师的鼓励下,他终于敢从最小、最短的滑梯上滑下来了,但是最大、最长的那架滑梯,他始终不敢上去。幼儿园的院子里有一个沙坑,孩子们都喜欢玩沙子,可斌斌每次都坐在台阶上远远地看着他们玩耍,自己从不敢踏入沙坑一步。有的调皮的小朋友故意把沙子弄到他身上,他就开始哼哼唧唧地哭起来。

"你这孩子,怎么就那么胆小呢?"妈妈有时候气不过,会责备他几句,但这也并不能让斌斌变得勇敢。马上要上小学了,可斌斌依旧赖在爸爸妈妈的床上,说什么也不肯自己一个人睡。有一次,爸爸妈妈费尽口舌,终于哄他同意由爸爸先陪他在小床上睡着,然后爸爸再离开。可到了

半夜，爸爸妈妈就被斌斌声嘶力竭的哭声惊醒了。第二天，斌斌还发起了高烧，医生说一半是因为夜里受了凉，还有一半是因为受到惊吓。

从那之后，斌斌说什么也不肯一个人睡了，甚至每次进自己的房间都要爸爸或者妈妈陪着。爸爸虽然开玩笑说："斌斌，难道你要跟爸爸妈妈睡到二十岁吗？"但心里终归有些担忧：孩子那么胆小，该如何是好呢？

胆小、怯懦并不是女孩子的"专利"，在一切具有亲切型性格的孩子身上，都可以看到这一性格特征。可以说，这一特性是他们出生就有的。从生理学研究角度来看，有些孩子的中枢神经系统对外界的刺激比较敏感，因此就容易产生强烈的反应，尤其对于恐惧的反应甚至会超过自身所能承受的限度。因此他们害怕一切令他们感到恐惧的事物。

虽然这是亲切型孩子与生俱来的特质，但并不是不可改变的。假如任由孩子一直胆小、怯懦下去，这对他们将来的心理健康、人生事业都会产生不良的影响。其实，恐惧是可以克服的，胆量也是可以锻炼的。作为孩子年幼时期最信赖的人——父母，更应该责无旁贷地承担起这个责任。当然，克服恐惧需要一定的时间。首先，家长要有足够的耐心；其次，要给孩子信心，发现一点点进步都要及时给予表扬和鼓励，这样才能让孩子越来越自信，越来越勇敢。而责备和叱骂只会加深原本就胆小的孩子心里的恐惧，从而令他们变得更加胆小、怯懦。

"小海鸥找不到妈妈了，它会伤心的"

圆圆上幼儿园了，这当然是件好事，但妈妈却有点发愁，原因是圆圆属于亲切型性格的孩子——胆小、懦弱，妈妈怕她到了学校会受欺负。

第一章

但令妈妈意外的是,期末评选"优秀之星",圆圆竟然以全班最高票当选。老师说起圆圆,也是赞不绝口:"我从来没见过比圆圆脾气更好的孩子,不管和哪个小朋友,她都能相处得很好。她从不和其他小朋友争抢玩具。我看见过好几次,圆圆正一个人开开心心地玩着玩具,另外一个小朋友走过来,把她的玩具拿走,把自己的玩具往她手里一塞,她也从不计较,依旧开开心心地玩。"

"这倒是呢,她从不跟别的小朋友起争执,在我们小区也是这样。"妈妈说。

"还有,圆圆特别善良。"老师说,"有时候,其他小朋友因为什么事哭了,圆圆就会一声不响地跑过去,陪着小朋友一起掉眼泪,或者轻声地安慰小朋友,甚至把自己最喜欢的玩具或食物送给小朋友。直到小朋友破涕为笑,她也笑了。"

"圆圆心肠最软了,"妈妈略有点不好意思地说,"电视里的人哭,她也跟着哭,哭得比电视里的人还要伤心。"

"这说明圆圆有同情心,这很难得。"老师说,"如果有小朋友请她帮忙,她也从不拒绝。有时候甚至停下自己手里的事情,先去帮助别的小朋友。你说,这样的好孩子,哪有小朋友会不喜欢呢?"

妈妈听了,心里比吃了蜜还要甜。

亲切型孩子的性格被称为"亲切型",大概与他们温柔、和善、大度、谦逊有关。在与人交往的过程中,亲切型的孩子是最容易受到众人喜欢的,因为他们的性格就像纯白的颜色,纯洁、无瑕、柔美,很容易相处,不会轻易与他人闹矛盾、起冲突。

亲切型孩子随和的性格决定了他们没有偏执的占有欲,荣誉、奖品、鲜花、掌声都不是他们所追求的,这也决定了他们不会跟别人斤斤计较。

他们很少冒犯别人，不愿意和他人起纷争，有着一颗同情弱小的善良之心。这一点也是他们受到大家喜欢的原因。

与指导型孩子的性格截然相反，亲切型孩子更愿意充当"被领导"的角色，一般不轻易发表自己的见解，更不要说提出反对意见了。因此，他们缺乏作为领导所需要的决断力。但是相对的，他们长大之后会拥有优秀的执行力，能够很好地完成自己的工作。

亲切型孩子的最大优势是他们的好人缘，成年之后他们也会拥有良好的人际关系，生活事业都比较顺利。但是任何事情都有两面性：一味地顺从、没有主见会让自己显得软弱可欺，在处理问题时也容易优柔寡断、瞻前顾后。假如这一特性一直保持到成年，他们就会变得安于现状，在事业上没有积极、进取之心，因此也很难得到较大的发展。

"我不想跟他们一起玩儿，太吵了"

窗外，一群孩子在小区的活动中心玩运动器材，笑声透过窗户传到房间里。

妈妈看看正津津有味地看着漫画书的强强，说："强强，到楼下去玩玩吧？"

"不去。"强强摇摇头，"我想一个人看书。"

周末，爸爸妈妈带强强和同事们聚会，很多孩子在一起玩得很开心，捉迷藏、猜谜语、玩官兵捉强盗的游戏，笑声几乎把房顶都掀翻了，可强强却一个人很安静地蹲在墙角。

"强强，你怎么不跟小朋友们一起玩呢？"爸爸问强强。

"我想看蚂蚁搬家。"强强头也不抬地回答。

放学了，妈妈因为有事晚来了一会儿。一进教室，妈妈便发现强强一个人安安静静地坐在桌子旁边,而其他还没有被家长接走的孩子则凑在一起画画,说说笑笑。

"强强,你怎么不跟其他小朋友一起画画呢?"

"我已经画好了。"强强一边回答,一边拿出画给妈妈看。

一个大大的太阳,一朵鲜艳的花,一座小小的房子,门边趴着一只孤单的小狗,一个穿着蓝色衣服的小孩在和狗狗说话。

"这个小孩是你吗?"妈妈问。

"是我啊!"强强很淡定地回答。

"我们家强强是不是孤独症患儿啊?"回到家,妈妈很担心地问爸爸。

妈妈上网查了很多资料,强强并没有出现孤独症患儿的病征。但是强强为什么这么安静,不愿意和其他小朋友一起玩呢?

他们太吵了,我不想和他们玩,我想看蚂蚁搬家。

如果说热情外向是表现型孩子最显著的特征，那么"安静内向"则是贴在亲切型孩子身上的标签。

与表现型孩子喜欢表现、恨不得全世界都注意到他不同，亲切型的孩子更加内敛、沉静。他们不喜欢打打闹闹，甚至不希望外界过多地关注自己。他们更喜欢一个人安静地待在角落，看看书、听听故事，或者发发呆。对他们来说，这不是孤独，更像是一种享受。

亲切型的孩子几乎从不会给父母惹麻烦，因为他们太安静了。随便把他们放在哪个角落，他们都能安安静静地待着，并且可以自己玩得很愉快。即便没有伙伴也没关系，一本书、一块泥巴、一支铅笔，就可以陪伴他们度过一整个下午的时光。在自得其乐的能力上，其他类型性格的孩子都比不上亲切型的孩子。

他们甚至有时候讨厌人多的环境。虽然性格中带着谦和与忍耐，几乎和所有的小朋友都能和谐相处，但亲切型孩子内心更希望有一个安静、独立的空间。不要打扰他们，做什么都好，只要让他们安安静静地待着就好。如果你去舞会看看，坐在不显眼的位置上静静旁观、等待的人一定是亲切型的孩子。假如没有人打扰他们，他们甚至会睡着。

父母无须过多地担心他们会不合群，事实上，亲切型孩子温顺、谦和的性格会让他们在孩子们中间很受欢迎。

第二章

表现型孩子多外向,家长要赏罚分明

 表现型孩子的性格心理ABC

要想了解孩子是什么性格,就要认真观察孩子的行为。下面的小测试是专门针对红色性格的孩子而设计的,家长们不妨认真回忆,回答以下问题,看看你家的孩子是否属于红色性格。

1. 总是积极地回答老师的提问。

　　A. 是　　　　　B. 偶尔　　　　C. 不是　　　　　□

2. 受到表扬后会很开心,并且更加努力。

　　A. 是　　　　　B. 偶尔　　　　C. 不是　　　　　□

3. 喜欢同时做几件事,但容易被其他的事情干扰,偏离主题。

　　A. 是　　　　　B. 偶尔　　　　C. 不是　　　　　□

4. 讨厌在做作业时旁边有人看着。

　　A. 是　　　　　B. 偶尔　　　　C. 不是　　　　　□

5. 非常乐意帮助爸爸妈妈分担家务。

　　A. 是　　　　　B. 偶尔　　　　C. 不是　　　　　□

6. 和别的小朋友在一起时,总是比别人说的话多。

　　A. 是　　　　　B. 偶尔　　　　C. 不是　　　　　□

7. 喜欢自己想办法解决困难的问题。

  A. 是　　　　　　B. 偶尔　　　　　　C. 不是　　　　　　☐

8. 愿意为自己犯下的错误承担责任。

  A. 是　　　　　　B. 偶尔　　　　　　C. 不是　　　　　　☐

9. 喜欢表现自己，在意别人的评价，希望得到他人的认可和赞美。

  A. 是　　　　　　B. 偶尔　　　　　　C. 不是　　　　　　☐

10. 乐于承诺，但是说过就忘。

  A. 是　　　　　　B. 偶尔　　　　　　C. 不是　　　　　　☐

统计结果

  ABC三个选项中，选择A为3分，B为2分，C为1分，请根据选择结果为孩子统计出最后得分。

分数阐释

  本测试可以知晓你的孩子是否属于红色性格。根据分数结果判断，分值大于等于20分即为红色性格，15分至20分之间即为偏红色性格，分值小于15分，那么你的孩子则不属于红色性格。孩子的核心性格主色只有一种，但有的孩子的性格可能是一种，也可能是两种或多种性格的组合。要想全面了解孩子的性格，需要进行其他测试，同时还需要对孩子进行细致入微的观察。

结果分析

  红色性格的孩子——热情又充满活力，对各种情况都保持热情，很难老老实实地去做一件事，或者把精力集中在一个特定的任务上。

> 培养红色性格的孩子，家长可以

鼓励孩子坚持自我：红色性格的孩子对世界充满了善意和热情，作为家长，我们有义务保护和维持孩子的这种积极和热情。热情和快乐是他难能可贵的天性，在他眼中，这世界上的一切都是那么美好。不要让外界的人或物影响孩子的心态和性格，因此在孩子小的时候就告诉他坚持自我的重要性。

强调规则：制定清晰的制度规范，并且反复跟他强调。红色性格的孩子做事常常三心二意，很容易就偏离主题，所以家长要反复对他强调规则，而且要看着他的眼睛，把话说到他的心里去。

布置任务：疏导他过剩的精力，加强他对某一件事的专注力。比如：假期带他到动物园的时候，不要随着他的性子来胡走乱逛，而是要让他定下心来，让他观察假山上总共有几只猴子，小猴子之间有什么不同，并让他尝试为它们归类，等等，培养他对一件事情的专注力。

弥补错误：如果他弄坏了其他孩子的玩具，就让他把自己的玩具"赔"给人家。打碎了碗怎么办？让他在饭后擦桌子、扫地，以做家务的形式进行"赔偿"。弥补错误能够让红色性格的孩子找到承担责任的正确方法。

善良：自带温暖他人的力量

周六的下午，妈妈接上舞蹈班的欣欣回家。十二月的天气很冷，风刮在脸上像刀割一般，妈妈拉着欣欣的手，不由得加快了脚步。

"等一下，妈妈。"欣欣突然停了下来，指着马路对面说，"你看，那里有个讨饭的老爷爷，我们过去给他点钱吧！"

对于是否施舍乞讨者，妈妈和欣欣曾经讨论过这个问题，一致决定在三

第二章

种情况下要给予施舍：一是年老体弱者，因为他们无法自食其力；二是年幼残疾者，因为他们身世可怜；三是沿街卖艺者，因为他们自强不息的精神值得鼓励。但是今天这么冷，时间也不早了，妈妈实在不愿意走过去。

"算了吧，欣欣。"妈妈犹豫了一下，说，"你看马路对面那么多人在老爷爷跟前走过来走过去，大家也会给他钱的，少你那一块两块钱也没什么，没人会在乎的。"

"可是老爷爷在乎啊！"欣欣很认真地说，"天气这么冷，我们过去多给他点钱，他就可以早点回家了，否则他说不定会感冒的。"

一句"老爷爷在乎啊"击中了妈妈的心。她想起来以前给欣欣讲的一个故事。暴风雨后的沙滩形成了一个个小浅水洼，很多被风浪冲到岸上的小鱼儿被困在浅水洼里，而一个少年则很认真地将每一条被困的小鱼儿捡起来，用力地扔回大海。一个游客看见他重复了几百次这样的动作后，终于忍不住问："大海这样大，谁会在乎你扔进去的一两条小鱼儿啊？"少年回答："我知道，可是小鱼儿在乎啊！这条小鱼儿在乎，这条也在乎……每一条小鱼儿都在乎！"

妈妈为自己的冷漠感到羞愧，同时也为孩子的善良感到欣慰。她紧紧地拉着欣欣的手，坚定地说："走，妈妈和你一起过马路！"

善良是每一位孩子应该具备的美好品质，很多表现型的孩子身上都有这一特性。因为他们本身就像一团火，热情地照亮、温暖着周围的人。

对于天性热情的孩子来说，帮助他人是让他们最快乐的事。虽然他们爱表现，渴望听到大人的表扬和赞美也是动力之一，但是发自内心的善良是最值得肯定的。善良是这世界上弥足珍贵的品质之一，善良的孩子长大后人品绝不会差。因此，让我们认真呵护并鼓励孩子保持一颗善良的心，给予他们一个充满爱的世界。

或许爱子心切的家长会说:"这世界太险恶,人善被人欺,孩子要是受欺负怎么办?"那就加强孩子预防危险、保护自己的意识,但绝不能因噎废食,因为害怕孩子吃亏而浇灭了孩子的热情之火,伤害了孩子的善良之心。

自信:自告奋勇地参加活动

第一次见到甜甜,周老师就被这个瘦瘦小小的女孩感动了:虽然跛着一条腿,但浑身上下散发的开朗和自信令她看起来就像一个小太阳,那么明亮,那么温暖。

一开始,周老师有些担心她会受不了周围小朋友的目光,但不料甜甜对每一个询问她的小朋友都解释得那么坦然:"这条腿是我三岁的时候不小心被汽车撞坏的,那时候我可调皮了,奶奶带我去买菜,叫我乖乖地不要乱动,可我趁她不注意跑开了。这时,一辆小汽车开过来,'砰',就把我撞了。"

"疼吗?"有的小朋友小心翼翼地摸摸甜甜的腿,甜甜笑起来:"现在不疼啦!不过妈妈说我那时候疼得哭了几天几夜呢!所以大家以后过马路一定要小心哦!"

小学一年级的生活,甜甜适应得很快。虽然腿脚不方便,但甜甜似乎从来都没有为此而烦恼过。最令周老师感动的是元旦文艺演出,老师帮学生们排了一个情景短剧,甜甜主动找到老师要求参演。

"你想演什么角色呢?"周老师有意不看甜甜的腿。

"我想演老婆婆。老婆婆腿脚不方便,我演起来肯定最像。"

这样的要求周老师实在不忍心拒绝,但是她还是有些担心,悄悄打电话跟甜甜的妈妈沟通。妈妈在电话里爽朗地笑着说:"周老师,请您像我一样,选择相信甜甜,她一定能演得很棒!"

周老师似乎有些明白为什么甜甜这样自信开朗了,原来妈妈一直都选择信任甜甜。这样的孩子,怎么会没有自信呢?

果然,甜甜认真卖力、惟妙惟肖的表演获得了所有老师和同学的肯定。在如雷的掌声中,周老师紧紧地抱着下台的甜甜,望着她微微出汗、如苹果一般的小脸,轻声而坚定地说:"甜甜,你真的很棒!很棒!"

如果说表现型的孩子像一团火,那么他们身上的自信就是最耀眼的光芒。

表现型的孩子无论走到哪里,都是最引人注目的。对他们来说,最开心的莫过于得到大家的肯定与赞美。每一次的赞美与肯定都能让孩子更加自信、快乐;同样,每一次的指责和挖苦都会让孩子沮丧、失落,甚至丧失信心。因此,聪明的父母都会极力挖掘孩子身上的闪光点,并毫不吝惜地将赞美之词奉上。即便对于孩子的不足和缺点,他们也都采取鼓励的态度:"相信下一次你会做得更好。""相信你一定会越来越棒!"这些话就犹如魔法棒一样,孩子们会变得越来越出色:优秀的更加优秀,不足之处也渐渐在改进。

孩子的自信更多来自周围人的尊重和信任,尤其是孩子最亲近、最信任的父母。像甜甜的妈妈一样,做一个完全信任孩子、无条件爱孩子的父母吧,你会发现,在爱和信任中成长的孩子永远都是那么开朗,那么自信!

热情:什么都想参与和帮忙

快到春节了,妈妈带球球回老家,帮助外公外婆打扫屋子。由于灰尘大,妈妈找了个喷水壶,在地面上、走廊上细细地洒了一层水,然后再扫地。

球球一看到洒水壶,立刻来劲了,一把从妈妈手中抢过去:"妈妈,我来帮你!"

"你轻点啊!不要到处乱洒……"

妈妈话还没说完,球球就跑进了屋子,头也不回地说:"我知道了!"

过了一会儿,外公从外面散步回来,一进房间,就大叫一声:"我的画啊!怎么都湿了?"

妈妈心里"咯噔"一下:"坏了,肯定是球球闯祸了。"于是赶紧跑到书房,发现书房里几乎是"水漫金山":地上到处都是水,桌子上、书架上也都湿漉漉的,就连墙上,也到处洒了水,墙上挂着的外公最喜欢的《梅》《兰》《竹》《菊》四幅画也全都湿了。外公气得白胡子直翘,可球球还满不在乎地说:"我是在帮你打扫房间啊,妈妈都是这么做的,妈妈说这样就不会有灰尘了。你看你的桌子上、书上、画上到处都是灰尘呢!"

妈妈心中暗暗叫苦、哭笑不得,一把揪住球球,拉出房间:"叫你别捣蛋,你偏不听,这下好了,闯祸了吧?"

"我没闯祸,我是在帮忙!"球球大声说。

"你这帮忙啊?这叫越帮越忙!"妈妈没好气地说。

孩子从两三岁时起,就开始喜欢帮大人"忙"了,尤其是活泼好动、性格开朗的孩子。当然,大多数的情况下,都和球球一样,越帮越忙,最后弄得满地狼藉。

大人洗碗,他要来"帮忙",最后洗干净的碗不如打碎的碗多;大人洗衣服,他也要来"帮忙",小手放在洗衣盆里一阵乱搅,弄得泡沫飞溅,满地都是;如果家里包饺子,那他就更来劲了,不把自己弄成个"大花脸",绝不停下来……

面对一片狼藉,很多家长直接叫停,把孩子赶到一边去:"你就乖乖地

待着吧,爸爸妈妈来做就行了。"更有些脾气不好的父母揪过孩子就一顿训斥:"大人越忙,你越添乱,真不让人省心!"要知道,孩子高涨的热情被打击的同时,他们的自尊心和荣誉感也受到了极大的挫伤。长此以往,孩子不是变得唯唯诺诺、四体不勤,就是会产生对抗情绪,凡事喜欢和家长对着干。

从两三岁开始,孩子的自我意识就逐渐发展起来,尤其外向型的孩子,自我意识、自我表现的欲望更加强烈。在这一阶段,不要轻易伤害孩子的热情,即便他们的能力有限,也尽力为他们提供施展的舞台,这才是明智的父母应该尽的责任。大不了多花一点时间、多花一点精力收拾残局而已,但这一点时间、一点精力和孩子的健康成长比起来,又算得了什么呢?

主动:敢于争取表现自己的机会

吃晚饭的时候,萱萱说:"妈妈,元旦我们班级要演出英语短剧《豌豆公主》,我想演公主。"

一旁的小姨"扑哧"一声笑了出来,萱萱立刻不高兴地问:"你笑什么呀?"

"公主可没有大板牙。"小姨故意逗她。

萱萱立刻把嘴巴抿紧,想了一下,说:"妈妈说了,这是乳牙,等过段时间就掉了。我会好好保护牙齿,再也不往外舔了,保证长出来的新牙齿比你的还好看。"

妈妈用筷子轻轻在小姨头上敲了一下:"不许跟小孩子乱开玩笑。"然后问萱萱:"你觉得老师会同意让你演豌豆公主吗?"

"会啊!"萱萱自信地回答。

"说说你的理由!"

"因为我英语好啊,老师经常在课堂上表扬我,说我的发音是最标准的。"这或许跟妈妈从小教萱萱学习英语有关。

"嗯,这是你最大的优势,还有别的吗?"妈妈又问。

萱萱想了一下,说:"有啊,我的记忆力特别好,你和爸爸不是常说我很久之前的事情都记得清清楚楚吗?豌豆公主是主角,主角的台词很长,我一定能记得又快又好。"

"还有呢?"妈妈再问。

"还有……对了,我身子又小又轻,豌豆公主也是这样啊!"

"哈哈,挑食也成优点了?"小姨又忍不住调侃萱萱。妈妈制止了她,继续问萱萱:"你打算自己去跟老师说吗?"

"要不……妈妈,你帮我说?"萱萱迟疑地回答。

"这可不行,是你要演豌豆公主,又不是妈妈演,得你自己去说。"妈妈立刻回绝。

"我自己去就自己去!"萱萱大声回答。

果然不出所料,在萱萱的主动争取下,她如愿以偿地获得了豌豆公主的角色。

主动、积极是红色性格孩子的一个显著特点,很符合他们表现型的性格特征。或许有人会认为他们不够谦虚、不懂谦让,甚至会说他们爱出风头。但事实上,机会总是偏爱主动出击的人,被动等待的人就如同守株待兔一般,成功的概率要比主动争取的孩子小得多。

主动建立在自信的基础上,这和爸爸妈妈平时的民主与鼓励大有关系。要让孩子学会主动展示自己、争取机会,首先要让孩子认识到自身的长处和优点,这样才能积极、勇敢地表现自己。虽然孩子还小,听不懂

"机会永远垂青主动争取的人"之类的话,但是作为父母,从小培养孩子的自信心、主动性至关重要。

孩子从两岁开始,自我意识开始萌芽,也会有初步的荣辱感和自尊心。当孩子勇敢地提出意见时,父母一定要采取尊重的态度,不能以"孩子还小,懂什么呀"的理由拒绝聆听。要知道,再三否定和推翻对孩子的自尊心和自信心会造成致命的伤害,今后他就再也不敢,也不愿意主动为自己争取权益了。那么,在他长大后,他也很难以积极主动的态度去争取生活和事业上的机会。

责任心:对分配的任务很认真地完成

一周一次的大扫除又开始了,一天下来,妈妈累得腰酸背痛,忍不住向爸爸抱怨:"你说你,作为一个男人,家务事就一点不能插手了?好像家务事就应该女人做似的,我也是要上班的人啊,在单位里工作也累得要死,一日三餐还要伺候你们两个大小爷们。你倒好,看我忙得累死累活的,一点也不帮忙……"

妈妈越说越生气,最后索性宣布:"不行,今后家务要分工,不能什么事都我一个人干。我也不要跟你五五平分,但最起码你自己的书房得自己打扫,阳台也归你……"

"妈妈,妈妈,还有我呢!我干什么?"四岁的沛沛着急举手。妈妈看看还没桌子高的沛沛,笑着说:"你啊,人最小,分给你的房间也最小好不好?"

"好啊!"沛沛拍着手说。

"那好,那以后厕所归你管了!"

"妈妈,我现在就去打扫厕所。"

沛沛一转身跑进厕所，爸爸责备妈妈："孩子才四岁，能干什么？还不够添乱的。"

"谁生下来就什么都会啊？不会可以学啊，我可以教他。沛沛虽然小，但他也是家里的一分子，出一份力也是应该的嘛！"妈妈不以为然地说。

从此后，厕所就成了沛沛管辖的"领地"。妈妈洗头时滴落的水没擦干净会受到"批评"，爸爸上完厕所马桶盖没放下来也会受到"批评"。刚开始的时候，沛沛有时也会忘记自己的职责，妈妈跟他"约法三章"：第一，厕所脏了要及时打扫；第二，如果哪天忘记打扫，就要减少当天看动画片的时间；第三，假如沛沛生病了或者在某些特殊情况时不能打扫厕所，请爸爸或者妈妈帮忙，作为回报，沛沛以后也要帮助爸爸或者妈妈打扫一次房间。

"爸爸！你还没有把马桶盖好！"沛沛大叫一声。

刚走出卫生间的爸爸苦笑着对妈妈说："我怎么感觉上厕所的时候都有双小眼睛盯着我呢！"

孩子从两三岁时就开始渴望参与到家庭活动中来，尤其是表现型的孩子更加积极主动。作为家长，应该及时抓住这个教育的好时机，不仅要教育他们热爱劳动，更要培养他们的责任心。

让孩子参与家庭管理、家务分工，会让孩子产生一种小主人的责任感和自豪感。孩子在家庭管理、分担家务的过程中，不仅能深刻地认识到自己作为家庭一分子的重要性，还可以切身体会到爸爸妈妈为家庭所付出的心血和辛苦，从而为良好亲子关系的建立打下坚实的基础。

现在的父母大都重视孩子的智力培养，对孩子责任心的培养却不怎么上心。不要让孩子产生"这个家是爸爸妈妈的，家务也是他们的，跟我没关系"之类的想法，要知道，一个从小肯为家庭承担责任的孩子，长大后才会为社会、为国家承担责任。

第二章

顽强不屈：遇到挫折不哭鼻子

麦麦家搬进新房子里了。

妈妈带着麦麦在新小区里转悠，走到公共活动区域时，麦麦被两块大石头吸引住了。这两块大石头有一人多高，一块稍微矮一些，一块稍微高一些，紧紧地挨在一起。石头没有什么棱角，很平整，尤其是石头的顶端，很宽阔，像两把天然的大椅子。石头下是一片厚厚的草坪，没有什么危险性，所以家长们也就放任孩子们在石头上爬上爬下。

麦麦一看也来劲了，松开妈妈的手就朝两块大石头跑去。

"麦麦，等一下！"妈妈赶紧跟上去拉住麦麦，"你太小了，爬不上去的。"

"不，我要爬！"麦麦挣脱妈妈的手，跑向大石头。可是他实在是太矮了，力气又小，费了九牛二虎之力也没爬上去。

"麦麦，我们回家吧，你看，爬上去的都是大哥哥大姐姐，等你长大了，个子长高了，再来爬好不好？"

"不好！"麦麦很清脆地回答。

他歪着脑袋，仔细打量了一番大石头，然后退后几步，再突然往前一冲。随着惯性，麦麦冲到了大石头上，可是还没爬到一半就滑落了下来，重重地摔在地上。一旁的大孩子们发出了笑声。

"麦麦，别爬了，你爬不上去的。"妈妈心疼地扶起麦麦。麦麦用力地摇着头说："不！我一定要爬上去！"

"那……妈妈把你抱上去好不好？"

"不要！我要自己爬！"麦麦有些着急了，推开妈妈，又朝大石头冲过去，然后一次又一次地滑落在草坪上。最后一次，妈妈灵机一动，当麦麦爬到一半，又要滑下来时，妈妈轻轻托住了他的屁股，往上一送，麦麦终于爬到了大石头的顶部。

"噢耶！我成功啦！"麦麦气喘吁吁地坐在大石头上，张开双臂欢呼。大哥哥和大姐姐们也都伸出了大拇指。

不屈不挠、坚定不移是很多表现型孩子的可贵品质，这也是由他们热情、外向、开朗的性格所决定的。因为有热情，所以对一切新鲜的事物都抱有好奇心；因为开朗，所以对遇到的困难能微笑着面对；因为外向，所以他们愿意向他人倾诉苦恼、寻求帮助，因而也更容易攀上成功的顶峰。

孩子身上这种坚定不移的品质是难能可贵的，但有的时候却会被爱子心切的父母所吞没。我们的父母总是担心孩子吃苦受难，所以，每当孩子遇到困难或者险境时，就会像护崽的母鸡一样，张开翅膀，恨不得把所有的困难和辛苦都一力承担。殊不知正如温室里的树苗永远长不成参天大树一样，没有经过风雨洗礼的孩子也是无法成为栋梁之材的。因此，不要给孩子过度的保护，更不要因为心疼孩子遭挫折、受辛苦而越俎代庖，自作主张为孩子解决难题。孩子真正需要的是鼓励和信任，家长在他们需要的时候助一臂之力，就足够了。

乐观：在他心里没什么大不了的事

乐乐今年刚上一年级，妈妈第一次到学校开家长会，老师就微笑着对妈妈说："你家孩子的名字起得真好，乐乐真是一个乐观开朗的孩子。我发现他最喜欢说的一句话就是'有什么大不了的'。"

第二章

妈妈也笑了起来，说："这也是他爷爷的口头禅。"

乐乐一岁多，爸爸妈妈因为工作需要，被调派到国外工作。由于去的地方条件比较艰苦，乐乐就留在国内由爷爷奶奶照顾。五年来，妈妈一直担心在老人的照料下，乐乐是否能够身心健康地成长，回国一看，才发现这种担心完全没有必要。

乐乐开朗、热情、积极向上，尤其是他的乐观精神，能够轻易地感染每一个走近他的人。他最爱说的话是"有什么大不了的"。妈妈第一次看见他摔跤，摔得膝盖破了个大口子，流了很多血。妈妈一边给他擦药，一边心疼得都哭了，乐乐也疼得龇牙咧嘴，但还咬着牙对妈妈说："有什么大不了的！我以前摔得比这个还惨呢，都没哭。你看，我身上还有疤呢！"他挽起袖子给妈妈看以前摔跤时留下的疤："看，是不是像一条小花蛇？还挺好看呢！"妈妈都被他逗笑了。

爸爸答应周末陪他去公园，可临出门的时候接到电话，公司有紧急事情要他去处理。爸爸感到很抱歉，乐乐却说："有什么大不了的！我陪你一起去公司好了，正好我也想参观一下爸爸工作的地方呢！这比去公园有意义多啦！"

文艺演出时，乐乐上台朗诵了一首爷爷写的诗，可台下鼓掌的人寥寥无几。老师怕他难过，乐乐却开玩笑地说："老师，肯定不是我朗诵得不好，是爷爷写的诗不好。有什么大不了的！下次换一首我自己写的诗，肯定会大受欢迎。"

乐乐的爷爷是一个很开朗、很有趣的老头儿，虽然吃过很多苦，但一直都是乐呵呵的，无论遇到什么困难都是一副云淡风轻的样子。乐乐的这种积极乐观的精神或许正是耳濡目染，受爷爷的影响。

有人说，生活就像一面镜子。你对着它笑，它也对着你笑；你对着它哭，它也对着你哭。而生活不可能总一帆风顺，总会有挫折和磨难，而乐观,正是对付这一切不如意的最好的武器。

一般而言,外向型性格的孩子都比较积极乐观。他们对人对事的热情、充沛丰盈的精力会让他们在面对挫折和磨难的时候更加坦然,而开朗的性格也会令他们比较容易忘记不愉快的经历,这些都是表现型孩子更具有乐观精神的原因。但是,与其说乐观是一种性格,不如说是一种品质,而所有的品质都是"三分靠天生,七分靠培养",只要家长在生活中有意识地培养,孩子就能更加快乐地面对生活。

懂分享:从小就有分享意识

"开饭喽!"妈妈一声令下,琳琳第一个跑过去搀奶奶走到餐桌旁:"奶奶,您坐这儿!"

奶奶腿脚不灵便,除了琳琳出生时来过一趟,这是第二次到琳琳家。

"奶奶,您吃排骨,妈妈说吃排骨长得高!""奶奶,您吃鱼,妈妈说吃鱼聪明!""奶奶,您吃青菜,妈妈说蔬菜也得吃,才叫不挑食!"

不一会儿,奶奶的碗里就堆满了菜。奶奶连声说:"好了,好了,琳琳真是个乖孩子,奶奶自己夹菜。"

这时,妈妈端上来一碗炖蛋,放在琳琳面前:"琳琳的炖蛋来喽!快吃吧!"

"奶奶,您先吃。"琳琳把碗推给奶奶,奶奶连忙说:"这是给琳琳做的,奶奶不吃。"

"不行,奶奶,您一定要尝一尝,这相当美味呢!"

这是琳琳专属的营养蛋羹,为了让她的饮食营养均衡,妈妈在里面放了鱼、虾和青菜碎末,奶奶怎么可能吃呢?

可是琳琳却非要奶奶吃一口,用勺子舀起满满一勺,递到奶奶嘴边,像哄小孩子一样说:"奶奶,您尝一尝,就吃一口,我没骗您,真的可好吃啦!"

"奶奶吃排骨、鱼、青菜,这个留给琳琳吃。"奶奶头一偏,不小心碰掉了勺子。琳琳小嘴一抿,马上就要哭了。

妈妈笑着对奶奶说:"妈,您就尝一口,这孩子就这样,什么好吃的都要让我们尝一尝。"

奶奶终于吃了一口琳琳的蛋羹,琳琳破涕为笑:"奶奶,我没骗您吧?是不是非常美味呀?"

奶奶连连点头,眼睛里却满含泪光。

在"小皇帝"、"小公主"被宠得唯我独尊的时代,像琳琳这样懂得体贴、关爱长辈的孩子真是很少见了。而且,在琳琳热情体贴的背后隐藏着一种更为宝贵的品质,那就是乐于分享。

分享是一种快乐,表现型的孩子明白这个道理,所以更乐意将美好的事物与大家共同分享。他们天性大方、爽朗,喜欢结交朋友。观察3—6岁的小朋友,你会发现一个很有趣的现象:孩子们大多都是通过分享一份美味的食物、一个新奇的玩具,甚至一个简单的游戏来开始他们的友谊的。热情、外向的孩子尤其如此。他们渴望与人交往,通常是提供食物、玩具或者游戏的一方,而且非常享受这个分享的过程。

可以说,一个不懂分享的孩子是无法体会到世界的美好,也无法获得更多的快乐的。所以对于表现型孩子这种宝贵的品质,我们家长应该像呵护珍宝一样呵护它,并用鼓励和赞美让它更加茁壮地成长。

儿童性格心理学

 面对表现型孩子，聪明父母教养有妙招

若是性格优势就给予鼓励

蓓蓓家搬到了一个新的小区。像往常一样，坐电梯上下楼时，蓓蓓见到每一个人都会主动打招呼，"爷爷"、"奶奶"、"叔叔"、"阿姨"，被叫的人都说这孩子"真乖巧"、"嘴巴真甜"。蓓蓓受到了鼓舞，小嘴巴叫得更殷勤了。

可是有一天，蓓蓓回来很生气地对妈妈说："我讨厌门口的保安叔叔！"

"怎么了？"妈妈奇怪地问。

"我叫他'叔叔'，他都不理我。"

"或许是他没听见呢。"

"我叫了他三次啦，每一次他都不理我。我以后再也不要叫他了！"

看着蓓蓓撅着小嘴坐在那里生闷气，妈妈想了想，走过去对蓓蓓说："蓓蓓，爸爸妈妈对你说遇到长辈要主动打招呼，是希望你做一个有礼貌、讲文明的好孩子。你这么做了，就证明你是一个好孩子。别人不理你，那是他们的事，你做好自己就可以啦！"

"对，我是一个有礼貌的好孩子，保安大叔对我没礼貌，他不是好孩

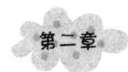

子。不过我下次不愿意再叫他啦！"

"你不愿意，妈妈也不勉强你，但是或许保安大叔是因为别的什么原因，所以才没回答你呢。"妈妈微笑着说。

过了两天，蓓蓓回来开心地对妈妈说："今天萱萱告诉我，保安大叔的耳朵受过伤，所以听不清别人说话。今天我在他面前叫了他，他还微笑着向我抬手敬礼呢！"

"你不讨厌他了？"妈妈笑着问。

"不讨厌啦！"蓓蓓快乐地大声回答。

表现型的孩子像一团火，恨不得让全世界的人都感受到他们的热情；他们也像一群快乐的小鸟，不仅自己每天开开心心的，他们的快乐也会感染身边的每一个人。热情和快乐是孩子们难能可贵的天性，他们单纯善良，在他们眼中，这世界上的一切都是那么美好。但事实上，并不是每一件事都那么美好，并不是每一个遇到的人都那么和善，这是我们必须承认的事实。孩子终会长大，他们终究也将面对这一切。那么如何让孩子坦然接受这个现实呢？我觉得，不必刻意粉饰太平，要让孩子知道这世界有真善美，也有假恶丑，关键是做好自己，才能保持快乐。

表现型的孩子对世界充满了善意和热情，作为家长，我们有义务保护和维持孩子的这种积极和热情。不要让外界的人或事影响孩子的心态和性格，因此在孩子小的时候告诉他们"坚持自我"这个道理尤为重要。因为，从某种程度上来讲，表现型孩子比其他类型性格的孩子更容易受到外界的影响。所以，我们要用一颗平常心告诉孩子："如果你认为是对的，坚持自己就好。不要让别人的眼光或评价影响你的心情或行为。"这样，孩子才能有一颗平常心，相信这世界虽然不完美，但终究是美好的。这样才能坚持自我，拥有快乐，积极健康地长大。

循序渐进，逐步增加学习难度

桐桐五岁了，开始对写写画画感兴趣，妈妈很开心，从书店给孩子买了厚厚的一摞书。

爸爸一看就急了："你一下子买那么多书，孩子能看得过来吗？"

"急什么？慢慢来嘛！"妈妈一笑。

晚上爸爸下班回到家，桐桐从房间里跑出来大声叫道："爸爸，你看，我做完一本书啦！"

爸爸一看，竟然是《3—4岁儿童智力测试》，不由对妈妈说："桐桐都五岁啦，你怎么还让他做3—4岁的题目？"

"慢慢来嘛！"妈妈还是笑着说。

3—4岁的题目没几天桐桐就全部做完了，心情激动得逢人就说："我会做题目啦！"然后妈妈就给他做4—5岁的智力题。这一次的进度要慢得多，可对桐桐来说，做完大部分的题目还是没有问题的。桐桐每天放学回来，写写、涂涂、画画，很是开心。爸爸曾一度担心妈妈让桐桐做这么多题目会不会使孩子抗拒，但事实证明，桐桐很享受这个过程。尤其是当他把做过的测试书拿给客人们看，赢得客人们的赞赏和表扬时，桐桐更是得意万分。

很快，4—5岁的智力题也做完了，妈妈又拿出5—6岁的书。显然，这一次桐桐做题的速度更慢了，妈妈也不着急，慢慢地陪着桐桐一起做。写、算和图、画交替进行，每次桐桐做完一道题目，都能获得妈妈的一个拥抱和一句赞扬："桐桐真棒！""桐桐真了不起！""桐桐连这样的题目都能做出来啊！华华应该反过来叫你哥哥了。"

每当听到这样的话，桐桐总是特别来劲。爸爸偷偷对妈妈说："你可真

是用甜枣的高手。"妈妈笑眯眯地说:"这叫激励法,懂吗?"

现在,桐桐还没上小学,可是他已经做完了妈妈买的6—7岁孩子的智力测试书,用妈妈的话说:"桐桐已经可以上小学啦!"

虽然我们提倡让孩子在什么年龄做什么事情,并不提倡让孩子超前学习,可是桐桐妈妈循序渐进,用激励法鼓励孩子的方法却很值得我们借鉴。

每一个父母都望子成龙,这可以理解,但是一下子对孩子提出过高的要求,其结果只能适得其反。尤其对于表现型孩子来说,他们更希望听到父母的表扬和赞赏,但如果难度过高,无法很好地完成,他们就会有心理压力,就会不由自主地想逃避。所以,从简单的做起,逐渐给孩子提高一点难度,让孩子一次次体会成功的喜悦,这样不但能够增强他们的自信心,更能促进他们的主动性。试想一下,如果每一次都不成功,谁还会有再度尝试的勇气和信心呢?

"蹦一蹦才能摘到的桃子永远是最甜的。"既要拒绝高标准,让孩子保持信心,又要设置逐步提高的目标让孩子不断进步,这样做的父母才是真正聪明的父母。

肯定孩子,有针对性地进行表扬

周末,妈妈在打扫房间,沫沫跑过来对妈妈说:"妈妈,我帮你打扫好不好?"

"好啊!"妈妈想了一下,很爽快地答应了,"那么沫沫就帮妈妈拖地好不好?"

"好!"沫沫蹦蹦跳跳地拿来拖把,妈妈示范了一下,沫沫就开始认认真真拖起地来。

不一会儿,沫沫自己的房间拖好了。当沫沫得意地叫妈妈来看时,妈妈竖起了大拇指:"沫沫第一次拖地,就能拖得这么干净,真了不起!"

沫沫激动得小脸通红。

"不过要是沫沫能把从地上拖出来的垃圾清理干净的话,就更好了。"妈妈又说。

"扫把呢?我去拿来扫!"沫沫转身跑去拿来了扫把和簸箕,看着沫沫有些笨拙地扫地,妈妈并没有上前帮忙,而是在一旁说:"沫沫真能干,不但会拖地,还会扫地,比爸爸强多了。每次让爸爸拖地,爸爸都不知道把垃圾清理干净。"

"我真的比爸爸还强吗?"沫沫兴奋得两眼放光。

"那当然啊!"妈妈毫不迟疑地说。

沫沫干得更起劲了。扫完地后,他又自告奋勇去倒垃圾。倒完垃圾一进门,妈妈就表扬他:"沫沫真勤劳,现在都懂得帮妈妈分担家务了,星期一上学时,我就告诉你们老师。杨老师一定会让其他小朋友向你学习。"

"妈妈,还要我干什么?"沫沫挺起小胸脯,大声问。

"不要啦,妈妈和沫沫都累了,我们休息休息好不好?"

沫沫大眼睛一转,拿起杯子给妈妈倒了一杯水:"妈妈累了,沫沫不累,妈妈喝水。"

妈妈把沫沫紧紧地抱在怀里,狠狠地亲了一口:"谁说女儿才是小棉袄?沫沫就是妈妈最贴心的小棉袄!"

"妈妈,我是羽绒服,比小棉袄更暖和。"沫沫得意地说。

没有什么比赞美和表扬更能激发起表现型孩子的热情和勇气的了,表现型孩子最希望得到的是他人的赞扬和肯定,尤其是来自父母的赞扬和肯

定。这会令他们热情洋溢、信心倍增,甚至会克服原本看起来很难克服的困难,完成原本看起来根本无法完成的任务。

赞美和表扬在儿童教育中起着极其重要的作用。它不但可以给孩子带来精神上的喜悦,还能激发孩子的表现欲和积极性。作为父母,要看到孩子每一个值得赞扬与肯定的地方,并且及时地给予肯定,可以是一个大大的拥抱,也可以是一句赞美的话,甚至一个肯定的眼神都可以让孩子感受到你对他的欣赏和鼓励。

当然,表扬和赞美不是无的放矢,整日将"宝宝真棒"、"宝宝真了不起"这样的语句挂在嘴边,没有针对性内容的夸奖只会让孩子一时兴奋,却不知道自己究竟好在哪里,自然也就起不到强化好行为的作用。所以,表扬一定要言之有物,要让孩子明白自己是因为什么才受到表扬和赞美的,只有这样,他才会明白今后怎样才能做得更好。

奖罚分明,让孩子明白对错

六岁的磊磊越来越有主见了,这原本是一件好事,可爸爸发现,他常常不守规则,说话不算数,于是爸爸决定教育教育他。

"磊磊,我们来玩筷子夹乒乓球的游戏好不好?"

"好!"磊磊拍着手喊。

"那你来制定规则好不好?"爸爸显得很大度。

"夹起一个乒乓球奖励一颗葡萄!"葡萄是磊磊最爱吃的水果。

"好。但是有奖励也要有惩罚,对不对?这样,如果谁不遵守规定,谁就必须罚双倍的葡萄,好不好?"

磊磊很愉快地答应了。

游戏开始了,虽然爸爸有意识地让着点磊磊,但孩子的手指毕竟没有大人的那么灵活,渐渐地,爸爸碗里的葡萄越来越多。磊磊有些着急了,趁爸爸喝茶的机会,用手抓起几个葡萄扔进自己的碗里,不料却被爸爸抓了个正着。

"好啊,你作弊,要罚!"爸爸故意从磊磊的碗里抓起一大把葡萄,磊磊急了:"我就拿了三颗!"

"那好,三颗的双倍就是六颗。"

爸爸毫不客气地从磊磊的碗里拿出六颗葡萄,磊磊"哇"的一声大哭起来。见爸爸并没有要妥协的样子,磊磊一伸手,把葡萄全都倒在桌子上了。

爸爸捡起葡萄,很严肃地对磊磊说:"玩游戏要遵守规则,否则以后谁还愿意跟你玩?你把葡萄扔了,证明你不想吃了,所以爸爸就全吃了。"

爸爸旁若无人地吃着葡萄,磊磊号啕大哭了一阵子,发现爸爸并不理睬他,声音也慢慢小了下来。最后,他慢慢走到爸爸身边,可怜兮兮地说:"爸爸,我也要吃葡萄。"

"好啊,要吃葡萄就用自己的本事来赢。"

于是,父子间的游戏又开始了。虽然最后磊磊赢的葡萄还是没有爸爸的多,但他吃得好甜、好开心。

表现型孩子的争强好胜是很明显的,他们往往会比其他类型性格的孩子更在意结果。输赢、胜负对于他们来说是很重要的,因为这是一个面子问题。他们的情绪比较容易波动,思维的跳跃性也比较大,因此常常会出现说话不算数的情况。为了帮助他们克服这个缺点,家长就要采取有效的办法,有奖有罚,才能让他们自觉遵守规则。

奖励,是为了鼓励他们好的行为,是对他们做出的优秀成绩的肯定;惩罚,是为了告诉他们哪里做得不对,得改正。光奖不罚,会让他们觉得自己可以随心所欲，无须为自己的行为负责任；光罚不奖，也没有办法激发他们的积极性和好胜心；有奖有罚，奖罚分明，才能让他们心服口服。

当然，无论奖励还是惩罚都要适度。不一味地追捧孩子，也不盲目地责罚孩子。奖励是为了强化孩子好的一面，惩罚则是为了帮助孩子改正不好的一面。相对而言，对于表现型的孩子来说，正面强化的效果可能更好一些。因此，家长还是应该尽可能以鼓励为主，惩罚为辅。

孩子闯祸和犯错，别总当"消防员"

妈妈带亮亮去超市，像往常一样，去之前就约定好：除了妈妈买的生活必需品之外，亮亮还可以买一样自己喜欢的东西，可以是零食，可以是玩具，也可以是漫画书。

刚拿到超市手推车，亮亮就迫不及待地抢了过去："妈妈，我来推！"

"你要小心点啊，别撞到人，也别撞坏了超市里的东西，那可是要赔偿的。"

"我知道！"亮亮回答得很响亮。

"得你自己负责赔偿！"妈妈补充一句。亮亮满不在乎地说："我知道！"

可是一会儿，手推车就变成了他的玩具。他隔一会儿就将手推车猛地往前一推，然后双脚迅速站在上面，往前滑行，就像滑板车一样。妈妈叫停了好几次，可一转头，他还是偷偷地玩。

"亮亮，你要是真的把超市东西撞坏了，可是要自己负责的哦！"妈妈很严肃地对他说。

"不会的，我会很小心的……"

话音未落，只听"啪"一声，一盒鸡蛋掉到地上，摔得粉碎。亮亮傻傻地看着，不知所措。

"现在怎么办？"妈妈问亮亮。

"我……我不知道。妈妈，我不是故意的……"

"我知道你不是故意的，但妈妈已经提醒过你很多次了，你不听，那就是你自己造成的后果，你得自己负责。"

面对亮亮的眼泪和哀求，妈妈毫不心软。最后，妈妈照价赔偿了那盒鸡蛋，而亮亮本可以挑选的商品也不能买了。

亮亮有些垂头丧气，妈妈看出来了，却没有安慰他。她想，下一次再去超市，亮亮一定不会再这么冒冒失失了。

活泼外向的表现型孩子总是充满精力、调皮好动，因此，他们闯祸的概率也要比其他的孩子大得多。闯祸不可怕，尤其是对于孩子来说，谁能不犯错误呢？但如何面对自己的错误？闯祸之后该怎么做？这才是问题的关键。

作为父母，不要一味地做"消防员"，收拾残局，而是要让孩子明白一个道理：自己闯的祸，自己犯的错，必须自己承担，自己负责。这不仅是为了培养孩子的责任心，更是为了让他们明白：所有的错误都是要付出代价的。有的时候，代价甚至会很惨痛。只有经历过教训，好动而冒失的表现型孩子才会养成在做事前仔细思量的好习惯。

如果父母总是以"孩子太小"为借口，轻易原谅孩子所犯的错误，不让他们承担后果的话，那么孩子长大后就会成为一个逃避责任、不愿承担的懦弱者。同时，假如每次犯错都不需要承责任，孩子对错误的认识就不会那么深刻，对所造成的后果也会毫不在意。久而久之，过错会越犯越大，最后甚至可能会造成不可挽回的后果。

和谁做朋友,让孩子自己决定

妈妈刚回到家,奶奶就气呼呼地"告状"了:"你看看你女儿都跟什么人交朋友!"

妈妈吃了一惊,问:"怎么了?"

"今天我到大门口找了个收废品的来家里收废纸箱、旧报纸,那女人带了个五六岁的孩子,蕾蕾非要和她做好朋友,把家里什么好吃的都拿出来给人家吃,还要把玩具送给那孩子。"

妈妈觉得好笑,又有些不解:女儿怎么会对一个不熟悉的小朋友那么好呢?

走进房间,妈妈看见蕾蕾撅着嘴坐在床上,故意装作什么都不知道地说:"谁让我们家'开心果'生气啦?"

"奶奶不让我跟小朋友玩。"蕾蕾气呼呼地说。

"是吗?不让你跟哪个小朋友玩啊?是球球、棒棒,还是蓓蓓?"

"是我今天新认识的一个小朋友。她叫春蕾,跟我的名字就差一个字。"

"那奶奶为什么不让你跟她交朋友啊?"

"奶奶说她家是收垃圾的,奶奶嫌她脏。"

"那你说说看,你为什么要和她做朋友啊?"

"因为她会唱歌,她唱歌可好听了,她说那是她家乡的歌,人人都会唱,叫《信天游》。她还会讲很多很多的故事,是她奶奶讲给她听的,我全都没听过。奶奶说他们是野蛮人,可我给她拿饮料喝,她一直说'谢谢',可有礼貌了。我送给她一个芭比娃娃,她也把她最喜欢的小手帕送给我了。"

蕾蕾一口气说了那么多，最后不解地问："妈妈，春蕾一点也不调皮，对我可友好了，还懂事地帮她妈妈干活，既有礼貌，又会唱歌、讲故事。你说，奶奶为什么不让我跟她交朋友啊？"

妈妈不知道怎样向孩子解释大人的思考模式，但是那一刻，她知道孩子说服了她，剩下的事，是她该如何去说服奶奶。她抱起蕾蕾，亲亲她的小额头，说："你的朋友你做主，妈妈尊重你的选择。"

表现型的孩子热情外向、活泼开朗，喜欢结交朋友是他们的显著特点。无论走到哪里，他们都能很快地认识新朋友，融入新环境。但这也正是令爸爸妈妈担忧的地方：万一结交了不好的朋友该怎么办？

在孩子心智尚未成熟时，大人有这样的担忧是可以理解的。在孩子交朋友的事上，大人切不可过分干预，采取"一言堂"式的粗暴方式。大人在选择朋友的过程中会不可避免地带有功利心，但孩子的世界是单纯的，大人的"良苦用心"不仅会让孩子感到迷茫，还会激起他们的逆反心理："好啊，你们不让我跟他玩，我就偏要跟他玩。"所以，与其简单地命令孩子不要跟某些孩子一起玩，不如坐下来跟他们分析利弊，适当地给出建议。

即便你对孩子结交的某些朋友不满意，也要多听听孩子的话，他们会告诉你每个孩子都有美好的一面。即便是有某些有不良行为的孩子，身上也有一些美好的品质。而且研究表明，多与各种发展水平和类型的朋友相处，孩子会更有包容性和理解力，长大后做事也更有决断，具有更强的领导能力。

第三章
思考型孩子内心多细腻，家长要多点拨和肯定

思考型孩子的性格心理ABC

下面的小测试是专门针对蓝色性格的孩子而设计的，请家长们认真回忆并回答以下问题，看看你家的孩子是否属于蓝色性格。

1. 喜欢默默地做好自己的事，不愿张扬。
   A. 是　　　　　B. 偶尔　　　　C. 不是　　　　　□

2. 喜欢安静、独处，不愿意凑热闹。
   A. 是　　　　　B. 偶尔　　　　C. 不是　　　　　□

3. 说话严谨，做事考虑周到，不莽撞。
   A. 是　　　　　B. 偶尔　　　　C. 不是　　　　　□

4. 计划性极强，每件事都按照计划一步步完成。
   A. 是　　　　　B. 偶尔　　　　C. 不是　　　　　□

5. 集中精力做一件事，而且有始有终。
   A. 是　　　　　B. 偶尔　　　　C. 不是　　　　　□

6. 喜欢独处，朋友不多，但是对朋友非常用心、忠诚。
   A. 是　　　　　B. 偶尔　　　　C. 不是　　　　　□

7. 小心翼翼，不会轻易靠近，警惕性强。

A. 是 　　　　B. 偶尔 　　　　C. 不是 　　　　☐

8. 只要答应的事,一定严格执行,极少出差错。

A. 是 　　　　B. 偶尔 　　　　C. 不是 　　　　☐

9. 注重承诺,说到做到,反感别人不兑现承诺。

A. 是 　　　　B. 偶尔 　　　　C. 不是 　　　　☐

10. 情绪会受到较大影响,内心容易受到伤害。

A. 是 　　　　B. 偶尔 　　　　C. 不是 　　　　☐

统计结果

ABC三个选项中,选择A为3分,B为2分,C为1分,请根据选择结果为孩子统计出最后得分。

分数阐释

本测试可以知晓你的孩子是否属于蓝色性格。根据分数结果判断,分值大于等于20分即为蓝色性格,15分至20分之间即为偏蓝色性格,分值小于15分,那么你的孩子则不属于蓝色性格。孩子的核心性格主色只有一种,但有的孩子的性格可能是一种,也可能是两种或多种性格的组合。要想全面了解孩子的性格,需要进行其他测试,同时还需要对孩子进行细致入微的观察。

结果分析

蓝色性格的孩子——理性而又敏感,遇事沉着冷静,做事严谨细腻,有很强的自律精神,同时又有些敏感、情绪化。

> 培养蓝色性格的孩子，家长可以

心理准备：面对挑战之前，帮助孩子提前做好心理准备。比如，在进入幼儿园之前，给他做一些明确的指导，培养他的生活自理能力以及社交能力。这些指导要有步骤地进行：如何穿、脱衣服和鞋子；去厕所前要提前和老师打招呼，大小便之后都要洗手；下课的时候，看看其他的小朋友都在做什么游戏，加入他们。

目标转移法：蓝色性格的孩子容易纠结于自己的短处，最好的方法是用转移法，发掘他的长处，让他的注意力不再集中于自身的缺点。当孩子某方面的特长表现出来后，众人就会将注目的焦点转移到他的长处上去，他也会逐渐忘记自身的不足，从而变得更加自信。

对具体做法进行表扬：敏感的孩子最在乎父母的看法，他甚至会为了取悦父母而做出不合自己心意的事情，所以，要对他好的行为及时表扬，特别是当他克服了自己的恐惧时，可以说："你真是太勇敢啦，连妈妈都害怕虫子，你却能将虫子赶走，你真是保护妈妈的小骑士。"

温柔地批评：敏感的孩子受到批评容易崩溃，所以在孩子犯错之前，可用一些暗号提醒他，比如小声呼喊他的名字，他很快就会明白并加以改正。

敏感：内心细腻，注重细节

周周姨夫的伯父去世，姨妈和姨夫两个人飞往美国办理后事，所以将他们刚满两岁的孩子贝贝留在周周家，由周周的妈妈暂为照看。

贝贝很可爱，周周刚开始很喜欢，但最近几天，妈妈发现周周有些变了：他变得不太爱和贝贝玩，也不太说话，就喜欢黏着妈妈，一刻都不肯离开妈妈。这两天早上妈妈送周周去幼儿园，离开的时候周周哭得很伤心。要知道，周周已经大班了，上幼儿园早就不哭了的。

最近周周到底是怎么回事呢？妈妈有些疑惑不解。

这天晚饭后，妈妈坐在客厅里陪贝贝和周周玩。贝贝举着苹果走到妈妈跟前，口齿不清地说着："苹狗（果）！苹狗（果）！贝贝吃苹狗（果）。"那样子可爱极了，妈妈忍不住抱过贝贝，在他脸上亲了一口，一回头，竟然发现周周满脸忧伤地坐着，眼里含满了泪水。

"周周你怎么了？"妈妈吓了一跳。

"妈妈，你还爱我吗？"周周边问边掉下眼泪来。

"当然爱啊！你是爸爸妈妈的心肝宝贝，是妈妈最爱的人。"妈妈连忙回答。不过妈妈的话并没有令周周释怀，相反，他哭得更厉害了。

妈妈慌了手脚，连忙把周周抱在怀里，连忙问："周周，你怎么了呢？"

周周指着贝贝，哭着说："可你现在只叫贝贝'小宝贝'，你都不叫我了，你肯定爱贝贝多过爱我了……"

妈妈恍然大悟，原来周周是"吃醋"了。她想笑，可是仔细一想，心被满满的感动包围了。她把周周紧紧地抱住，轻声说："你是爸爸妈妈唯一的孩子，是爸爸妈妈生命的延续，爸爸妈妈爱你胜过这世上的一切。只不过贝贝的爸爸妈妈去美国了，妈妈有责任照顾好他。贝贝比你小，他需要更多的照顾，所以妈妈在他身上花了更多时间。但是，你永远是妈妈最爱的宝贝，这一点永远都不会变。"

周周紧紧地搂着妈妈的脖子，不哭了。

敏感，是蓝色性格孩子的特质之一。与红色性格孩子的大大咧咧相反，蓝色性格的孩子内心细腻，容易注意到细节问题，因而就比较容易产生情绪上的波动；而且由于他们属于爱思索的思考型孩子，所以遇到问题容易钻牛角尖。这是他们的特点，同时也是他们的缺点。

　　思考型孩子的性格比较内向，遇到问题不太善于沟通。尤其是年龄小的孩子，由于表达能力的限制，更无法准确、及时地将自己的感受或内心想法传达给父母。假如内心的情绪无法及时得到宣泄或疏通，内心的问题无法得到满意的答复或解决，孩子就容易将问题想偏，容易钻牛角尖。因此，对于这一类型的孩子，家长要足够细心，要及时感受他们情绪上的变化，及时沟通，及时解决问题，才能保证他们身心健康地发展。

睿智：爱思考，谨慎又腼腆

　　睿睿是一个非常聪明的孩子，虽然平时话不多，但是遇到事情却很有主见，也很有办法。

　　有一次，幼儿园里组织"我想飞"的主题活动，大家带来了各种各样的小飞机，比试谁的飞机飞得高、飞得远、飞的时间长。小朋友们玩得很开心，一架架小飞机伴随着孩子们的欢声笑语，在教室里飞来飞去。

　　突然，点点着急地叫了起来："哎呀！我的小飞机飞到橱柜顶上了，怎么办？"小朋友们吵着让老师帮忙拿下来。老师试了试，够不着，于是灵机一动，对小朋友们说："老师也够不着，小朋友自己想想办法好不好？"

　　小朋友们七嘴八舌地讨论起来，并开始尝试各种办法。有的跳起来去够小飞机；有的站到凳子上；有的齐心协力推过小桌子，爬上去够；有的找来鸡毛掸子，但长度还是不够；还有的尝试着用自己的飞机去撞点点的飞机，试图通过撞击的力量让飞机掉下来……但是都失败了，不仅点点的飞机没拿下来，橱柜顶上还又多了几架小飞机。

　　这时，一直在旁边默默观察、静静思索的睿睿突然叫起来："我找到办

法了!"他飞快地跑到其他教室,借来几把鸡毛掸子,然后用绳子把几把鸡毛掸子绑在一起,这样,鸡毛掸子就变成了一根"长棒子"。睿睿拿着"长棒子"轻轻一够,小飞机们就乖乖地一个个掉下来了。

孩子们都欢呼起来,老师也赞许地点头微笑了。

如果古代有性格测试的话,那么"砸缸救人"的司马光一定是蓝色性格的孩子,也就是思考型孩子。和外向型孩子不同,他们遇到问题,不是急急躁躁地立刻尝试各种办法,而是会站在一旁仔细观察、认真动脑,试图找出最好的解决办法。所以,当思考型的孩子遇到问题时,家长不妨多给他们一点时间,即便他们只是安静地站着或坐着,但他们的脑子一定是在高速运转,而且最后总会给你带来惊喜。

对于思考型孩子来说,最快乐的那一刻莫过于高声叫出来:"我找到办法了!"思考对于他们来说是一种快乐,而找到问题的解决办法则是对自己最好的嘉奖。但由于思考型孩子本身性格的限制,他们在思考没有成熟时,不太愿意轻易表达自己的想法。这一方面是因为他们腼腆的性格,另一方面也是因为他们比较谨慎。因此大人们在引导孩子进行思考的过程中,尽量不要打扰他们,不要急于知道结果,而应该给孩子充足的时间、足够的信任、适当的鼓励以及必要的指导。当孩子找到办法时,他们一定会开开心心地喊出来:"我找到办法了!"

专注:注意力集中,喜欢研究

"你说咱们家小豆豆是不是听力有什么问题,或者是精神方面有哪里不对?"有一天,妈妈忧心忡忡地对爸爸说。

爸爸一听吓了一跳："怎么可能？你怎么会有这种想法？"

"我发现他常常盯着某样东西发呆，有时候叫他，他也不理，就像根本听不见你说话一样。你看，他待在茶几那边好长时间了，不停地把抽屉开来开去，我跟他说话，说了几次，他都没看我一下。不信，你叫他试试？"

爸爸没有叫豆豆。他想了一下，轻轻走到豆豆身边，发现豆豆正在专心致志地研究茶几的抽屉。他把抽屉来回地打开、关上，不时地歪着头仔细研究，嘴里还念念有词。爸爸看了一会儿，蹲下来，轻声问豆豆："豆豆，你在看什么？"

"你看，爸爸，这个茶几没有钉子，抽屉也没有，它们是怎么连接到一起的啊？"豆豆的目光依旧没有离开茶几，但爸爸轻声的说话他倒是听到了。

原来是这样。爸爸无声地笑了。这是爷爷的爷爷留下来的红木茶几，整个茶几十几个部位没有一个螺丝，也没有一根钉子，全部是手工打造，采用了中国最古老的榫卯结构。原来孩子是在研究这个！这说明孩子观察事物非常仔细，并且小小年纪就懂得思考，这令爸爸有些喜出望外。什么"听力问题"！什么"精神不对"！妈妈简直就是胡思乱想！

爸爸拉起豆豆的手，笑着说："这是我们中国古老的手工艺，但是爸爸知道的也就这么多。来，和爸爸一起去查资料，我们看看它们究竟是怎么结合到一起的，好不好？"

"好！"豆豆高高兴兴地和爸爸朝书房走去。

思考型的孩子有一个非常好的优点，那就是专注。与其他类型性格的孩子相比，思考型的孩子更能专注于自己感兴趣的事物，尤其能发现一般孩子容易忽略的细节问题。这是一种非常好的习惯，是孩子长大后学习与事业成功的关键因素。

　　蓝色性格的孩子由于比较内向，所以父母总是希望他们能变得活泼开朗一些。当他们沉默不语，沉浸在自己世界的时候，父母就会有一点担心，就会想办法把他们拉回到现实的世界来。其实，思考型的孩子在思考的时候，看起来就像在发呆，但其实他们的小脑瓜里正在想一些只有他们自己知道的问题，只是不愿意说出来而已。有的时候想得太专注，以至于别人看起来就像在发呆。

　　思考型孩子看到生活中很多东西或现象，都会很好奇地问"为什么"，或者想"为什么"，当他们沉浸在自己的问题中时，其实就是形成专注力最好的时机。作为父母，对于这种专注品质不仅要保护，更要将它培养、发展起来。当孩子专心致志地做某一件事的时候，切记不要用其他问题打断或干扰孩子。给孩子一个宽松、舒适的环境，当他自己想到了答案，或者想不通跑来问你的时候再和他交流，这对保护孩子的专注力是相当有益的。

服从：乖巧听话，不善拒绝

　　诚诚和遥遥同龄，都是五岁半，遥遥只比诚诚大九天，而且两家是楼上楼下的邻居，又在同一个幼儿园、同一个班级，所以不仅俩孩子是好朋友，两个家庭也相处得很好。这不，遥遥的爸爸妈妈出门办事，就把遥遥送到诚诚家了。

　　两个孩子在客厅里玩，诚诚的妈妈坐在沙发上打毛线。妈妈一会儿就听见遥遥命令诚诚做事情："诚诚，把电视遥控器拿给我。"

　　"好的！"诚诚跑过去找到遥控器递给遥遥。

"诚诚,我饿了,你家有饼干没?"

"有!"诚诚跑进房间拿来饼干。

"我要喝水,诚诚!"

"好的,没问题!"诚诚很快捧来一杯水。遥遥喝了一口,吐出来:"白开水不好喝,我想喝饮料。"

"好的,没问题。"诚诚立刻重新拿了一瓶可乐递给遥遥。

当妈妈起身去拿毛线团时,从镜子里无意间看见遥遥不小心把可乐打翻了。遥遥立刻对诚诚说:"不许告诉你妈妈是我打翻的,要说是你打翻的。"

诚诚的脸上现出一丝为难,但他立刻就点头答应了,因为遥遥对他说了这么一句话:"不然我就不跟你玩了。"

妈妈望着诚诚委屈的模样,很心疼,但是她也很生气:这孩子怎么一点主见都没有,任人摆布呢?

温和是每一个蓝色性格孩子的特性,也是他们最讨人喜欢的品质。在家里,他们是让父母疼爱的乖孩子;在学校,他们是让老师省心的乖学生。对此,大人们一般都很满意,因为,"听话的都是好孩子"。但是,事实果真如此吗?

德国著名心理学家海查曾做过一个实验:跟踪观察200名2—5岁的儿童,其中100名儿童有较强的叛逆心和反抗意识,另外100名是温顺听话的好孩子。结果发现,这两个阵营的孩子长大后性格截然不同:84%的懂得说"不"的孩子有主见,意志坚强,遇事冷静,有很强的判断力与决策力;而74%的太过温顺的孩子性格优柔寡断,没有独立自主性,意志薄弱。

由此可见,孩子小时候过于温顺并不是一件好事。面对别人的命令,他们只会说"好的,没问题",不敢提出反对意见,这是一种非常值得家长重视的现象。长此以往，孩子的性格会更加内向、自闭，甚至造成人格缺陷。

太乖的孩子很难意识到自己的优势和特长，也不太会为自己争取机会与权利，因为他们已经习惯了躲在别人后面唯命是从。如果蓝色性格的孩子表现出过于顺从、从不发表反对意见的特征时，家长就要小心了。要反思是什么造成了孩子懦弱、退缩的性格，要思考如何来改变这一切。调查发现，孩子过于温顺大多是家庭环境过于严苛造成的。父母太强势，不允许孩子发表反对意见，久而久之就容易使孩子用"乖巧"来讨好家长，因而变得越来越没有主见。

乐于合作：懂得配合，有团队意识

暑假里，爸爸妈妈带越越到海边玩。孩子们最喜欢的玩具就是沙子和水，沙滩上，孩子们拿着各种工具，挖沙坑、堆城堡，玩得不亦乐乎。越越自然也是这"玩沙大军"中的一员。

突然，越越跑到妈妈身边，轻声对妈妈说："妈妈，有个小哥哥一直在看我玩。"

妈妈顺着越越手指的方向，果然看见一个年纪比越越大三四岁的小男孩羡慕地看着其他小朋友们玩沙子。

"他为什么看我们玩，自己却不玩啊？"越越问。

妈妈想了一下，回答："可能是因为他没有玩沙子的工具吧。"

"哦！"越越哼了一声，低头看看自己的工具，小声问妈妈，"妈妈，我可以邀请小哥哥跟我一起玩吗？"

"当然可以啊！"妈妈很惊喜，因为越越这孩子平常比较内向，不太善于主动和别人打交道。现在他竟然主动提出和小哥哥玩,妈妈自然很高兴。

但越越还是有些羞涩,非要拉着妈妈的手才肯走过去跟小哥哥说:"哥哥,我们一起玩吧。"小哥哥自然很开心,愉快地接受了邀请。

两个孩子配合得很默契。一个挖坑,一个舀水;一个堆沙,一个把沙子拍结实。没多久,一座漂亮的城堡就出现在了眼前。当爸爸妈妈为他们竖起大拇指时,越越悄悄对妈妈说:"小哥哥真能干,我一个人可造不出这么大的城堡。"

"这是合作的结果,"妈妈微笑着回答,"两个人的力量大。"

一般来说,大多数思考型的孩子性格比较内向,不太善于和他人打交道,也不太善于沟通。这主要是由于他们比较腼腆、羞涩,缺乏主动性。但事实上,他们温顺的性格、温和的脾气决定了他们是善于合作、受欢迎的伙伴。

蓝色性格的孩子内心细腻,能很好地体会他人的感受,有同情心和理解力,这正是成为一个好的合作伙伴的重要因素。他们观察细致、注重细节,在合作时不会乱发脾气,能够尊重他人,因此在合作时也不容易跟其他人发生纠纷和矛盾。所以说,思考型孩子是一个很好的合作者。更重要的是,他们善于分析问题,并能积极思考,提出解决问题的合理方法,而这也正是他们作为朋友、作为合作者最令人欣赏的地方。

当然,对于性格内向的思考型孩子来说,主动提出合作还是比较困难的,因此父母应该在这方面对他们多多进行引导和教育。让他们多体会合作的乐趣,鼓励他们主动和他人交往。正如胆量是练出来的,孩子的主动性通过有意识地培养也是可以提高的。

严谨：思路清晰，做事有条理

爸爸走进书房，吓了一跳："豪豪，你在干吗？"地板上摊满了书，豪豪把整个书柜都清空了。

"我要整理书柜，"豪豪回答，"爸爸，你和妈妈的书柜太乱了。昨天妈妈给我新买的书都没地方放了。"

"整整一面墙的书柜，那么小的孩子能整理得过来吗？"爸爸想着，刚要出声制止，妈妈走了进来："豪豪真棒！知道爸爸妈妈工作忙，没时间整理书柜，主动帮爸爸妈妈解决问题，真是太感谢你了，乖儿子！"说着，狠狠地在豪豪脸上亲了一口。豪豪像个小大人一样摆摆手："好了，你们出去吧，别打扰我整理书柜。"

妈妈指了指梯子说："爬梯子的时候自己要小心啊！"然后便拉着爸爸走出了书房。望着爸爸疑惑的表情，妈妈微笑着说："相信你儿子。"

过了一会儿，爸爸悄悄透过门缝朝里看，只见豪豪很认真地在整理。他拿起一本书，仔细地看一下，好像在思索要把它放在哪里，然后小心爬上梯子，放进书柜。虽然动作不快，但是井井有条。爸爸看了一会儿，放心地走开了。

吃过午饭后，豪豪继续"工作"，中途跑出来问妈妈要了三张照片。过了一会儿，豪豪兴奋地跑出来报告："书柜整理好啦！现在，你们来看吧！"

豪豪拉着爸爸妈妈的手走进书房，一脸自豪地指着整整齐齐的书柜说："最上面两层是爸爸的书，因为爸爸个子最高；中间两层是妈妈的；最下面两层是我的。虽然我的书还没放满半层，但我慢慢长大了，以后的书也会越来越多的。"

"那贴的照片是怎么回事？"爸爸问。

"我们三个人的照片贴在自己的那层，这样就能提醒大家放书的时候不要放错，就不会乱了啊！"

"儿子真能干！"爸爸也抱过豪豪，狠狠地在他小脸上亲了一口。

思路清晰、做事有条理，是思考型孩子突出的优点之一。这一优点虽然是与生俱来的，但是如果加上后天父母有意识地培养，则一定可以成为让孩子终身受益的好习惯。

虽然思考型孩子不善言语，但是他们对问题的看法却有自己独到的见解，并且常常能够找到解决办法。比如豪豪，虽然他还不会写爸爸妈妈的名字，但是却想到了用照片来做标记，同时还能提醒大家在放书的时候分门别类。这说明孩子在做事的时候不仅细心，而且用心。这也是思考型孩子做事的特点之一。

责任心强、思维缜密、做事有条理，虽然孩子还小，但是这些特性在思考型孩子的身上还是可以看出来的。既然如此，大人不妨有意识地训练孩子这一方面的能力，把归类整理之类的任务交由孩子去做。这不仅能解放父母的时间，还有助于帮助孩子养成独立自主、做事认真的好习惯，对孩子长大后的学习和工作都是大有裨益的。

追求完美：讲秩序，重规则

妈妈最近特别困惑、烦恼，因为她发现阳阳陷入了一个怪圈：无论做什么事，只要他不满意，就一定要重来一次。

比如，前天同事张阿姨带孩子鹏鹏来家里玩，阳阳拦在门口，就是

不让他们进,原因是以前都是鹏鹏先进来的,而这次却是张阿姨先进门。没办法,只有调整顺序再来一次,阳阳才同意"放行",弄得大家哭笑不得。

再比如,昨天妈妈打扫房间的时候,弄乱了阳阳收集的人偶玩具,阳阳不依不饶,一定要妈妈摆回原来的样子,并且顺序一点也不能错。妈妈尝试了多种排列,阳阳都说和他以前摆放的位置不同。最后妈妈实在没办法,只有不理他。他哭哭啼啼地哼了半天,最后终于依照记忆将人偶们回归了原位,这才罢休。

今天早上,妈妈更生气了,因为阳阳的无理取闹,竟然害得她上班迟到,而罪魁祸首竟然是一个喷嚏。早上,妈妈像往常一样送阳阳到幼儿园,由于前一天突然降温,妈妈有点感冒了。走到幼儿园门口,妈妈突然打了个响亮的喷嚏。这下,阳阳又不干了,非要妈妈把喷嚏"收回去",要么就得从家里出发,重新走一次上学的路。打出的喷嚏怎么可能收得回去呢?可阳阳说什么也不肯进幼儿园,最后没办法,妈妈只得抱着阳阳重新走回家,再沿刚才的路重新走一遍。阳阳这才肯乖乖地去上学。

阳阳这究竟是怎么了?妈妈感到很疑惑。

阳阳妈妈的疑问可以用儿童敏感期中的秩序敏感期来解释,阳阳正是进入了秩序的敏感期。对于3—6岁的孩子来说,秩序感对他们来说很重要,尤其是情感细腻、性格内向的思考型孩子更希望维持他们内心对于一切事物的秩序。而这个秩序一旦被打破,孩子就觉得无所适从、烦躁苦恼。"重新来过"就是他们希望回归原来秩序的一种方式,有的时候甚至会通过苦恼的形式表现出来,家长切不可将这种行为理解为单纯的捣乱或调皮。

思考型孩子比其他类型性格的孩子更加细致、敏感,这是一件好事,但同时也容易造成他们过于执拗、容易钻牛角尖。在四种性格的孩子中,思考型孩子是最追求完美的，他们不但自己做事一丝不苟，还要求和他人保持原有的秩序，在敏感期内尤其如此。因此，对于3—6岁的孩子，家长要付出更多的耐心，试着去理解孩子内心对于完美和秩序感的诉求，多一点耐心，甚至允许他们"重新来过"。

当然，更重要的是父母要努力培养孩子豁达开朗的精神，用粗线条来对待他们的细腻和执拗。当孩子的"重新来过"影响正常的秩序时，也要及时地讲道理，令孩子大气、乐观，这才是解决问题的根本方法。

脆弱：内心敏感，自尊心强

早上起床穿衣服的时候，练练哼哼唧唧地哭着说："妈妈，我今天不想去上学。"

"为什么？"妈妈吃惊地问。

练练开始不肯说，妈妈反复问了很多次，他才说了出来。原来昨天上课的时候，老师让同学们画一座小房子，练练找不到橡皮了，就跑到好朋友彦彦的身边借了一块橡皮。一抬头，看见老师正瞪着他，于是他赶紧溜回座位。后来交画的时候，练练发现老师又瞪了他一眼。于是，练练当场就哭了起来。

妈妈这才恍然大悟。怪不得昨天奶奶接练练回来后说，练练在幼儿园哭。当时妈妈也问了练练怎么回事，但练练没说。小孩子哭一两声也正常，妈妈就没放在心上，不料今天竟然发展到不肯上学了。

"你上课的时候离开座位，老师看你一眼是在默默地批评你，你马上改正，老师肯定不会再怪你了。"

"那他为什么后来还瞪我一眼？"

"老师不是瞪你,只是看你一眼而已。"妈妈耐心地解释。

"妈妈,老师会不会不喜欢我了?"练练担心地问。

"不会,不会!昨天晚上妈妈下班正好碰见老师,老师还夸你懂事、聪明,是个好孩子呢。"妈妈有意撒了个小谎。

果然,孩子虽然还是半信半疑,但已经不再抗拒上学了。奶奶送练练去上幼儿园时,妈妈赶紧给老师打了个电话,委婉地说明了情况。下午下班后,一进家门,练练就举着画对妈妈说:"妈妈,你看,我画的画得了三个五角星,老师还夸我是个小画家呢!"

"敏感"总是和"脆弱"联系在一起,因此,敏感的蓝色性格孩子或多或少都有脆弱的一面。一方面,他们内心比较细腻,特别注重细节问题,别人无意或无心的一句话,甚至一个眼神,都会令他浮想联翩;另一方面,他们有着更强的自尊心,特别爱面子,尤其受不了批评和指责。

同样,这样的性格有好的一面,也有不好的一面。好的一面是孩子比较上进,因为他们在意别人的评价,所以总希望自己有好的表现,以获得他人的肯定和赞誉;不好的一面是正是因为太注重别人的看法或评价,所以容易被负面评价所伤害,因此情绪也容易产生波动,陷入沮丧和自我否定,容易失去自我。

因此,对于蓝色性格的思考型孩子来说,家长无论表扬还是批评都应该温和一些,疾风骤雨式的教育方式容易使孩子害怕。尤其是批评,因为他们脸皮薄、爱面子,所以不要在外人面前高声表达你的愤怒。要知道,他们是很敏感,甚至有一点点脆弱的,哪怕瞪一眼都会让他们哭鼻子呢。

 面对思考型孩子,聪明父母教养有妙招

不吓唬、不威胁,给孩子足够的安全感

临睡前,妈妈像往常一样悄悄推开策策的房门,想看看孩子有没有睡着,被子是不是盖好了。不料一开门,妈妈就听见策策小声的啜泣声。妈妈大吃一惊,赶紧开灯。只见策策满脸泪痕,枕头都湿了一大片。

"怎么了,策策?是不是哪里不舒服?"妈妈焦急地问。

策策摇摇头,不说话。

"那你为什么哭?告诉妈妈!"

妈妈问了半天,策策终于小声地说:"爸爸不要我了。"

"爸爸怎么会不要你?"妈妈很奇怪。

"晚上吃饭的时候,我不肯吃肉,爸爸生气了,说他不喜欢挑食的孩子,还说我又瘦又小,就是因为不吃肉。他还说我是从垃圾堆里抱来的,我不听话就要把我扔回去……"

策策哭得越来越伤心,妈妈紧紧地抱着策策,安慰他:"不会的,爸爸只是因为一时生气,所以才会说那样的话。你是妈妈生的,你看,妈妈肚

子上的疤痕就是生你的时候留下的。爸爸妈妈都是最爱你的,你是爸爸妈妈唯一的宝贝,怎么可能会不要你呢?"

爸爸听到动静也跑到房间里,听了策策的话,爸爸既心疼又自责:"是爸爸错了。就算策策做得不对,爸爸也不应该说那样的话。爸爸是因为生气才吓唬你的,爸爸妈妈永远都最爱你。策策原谅爸爸好不好?"

在爸爸妈妈温暖的怀抱中,策策终于破涕而笑。他也紧紧地抱着爸爸妈妈,说:"策策以后吃肉,策策再也不挑食了。"他还羞涩地轻声说:"策策也永远永远最爱你们!"

敏感而脆弱的蓝色性格孩子是乖巧、听话的,但和其他小孩一样,他们偶尔也会调皮捣蛋,也会惹大人生气。这时,假如大人用吓唬的语气对他们说:"再这样就不要你了!""爸爸妈妈不喜欢你了!"他们会立刻安静下来。这些话对于他们来说,并不仅仅是吓唬、威胁那么简单,他们会沉思、会胡思乱想、会信以为真,然后陷入纠结、痛苦、悲伤的情绪中。

所以,无论你有多生气,都不要轻易用爱来吓唬、威胁孩子。3—6岁的孩子正处于爱的敏感期,父母对他们的爱是他们最大的安全感。即便孩子有某些不好的行为,试着和孩子讲道理,甚至可以用一点点惩罚的小手段,但千万不要拿"爱"开玩笑。要知道,对于全身心热爱并依恋着父母的孩子来说,你的一句"不爱你了"或者"不要你了"会给孩子的心灵带来很大的伤害!要让孩子知道并感受到父母的爱是无条件的,不论他是淘气顽劣还是乖巧听话,他永远是爸爸妈妈手心里的宝。

肯定孩子的进步，增强其自信心

布布最近爱上了练字。

一张纸、一支笔，布布可以坐在那里写上半天。虽然与其说是"写字"，不如说是"画字"，字写得歪歪扭扭，有的甚至写到了格子外面，但第一天布布就受到了妈妈的表扬："布布真棒！竟然能坐半个小时，比爸爸工作还有耐心。"

第二天，布布又受到了表扬："布布今天握笔的姿势好看多了，是老师教的吗？"

"是爸爸教的。"布布大声回答。

第三天，妈妈边看布布写字边说："嗯，对了，身子坐直了，字也就能写直了，不再歪歪扭扭躺着睡觉了，对吗？"逗得布布"咯咯"笑了起来，小身板挺得更直了。

第四天，妈妈一看布布的字就竖起大拇指："布布写的字越来越好，这个'一'字很直，'大'字也写得很好，不过要是都写在格子里就更好了。"

第五天，布布迫不及待地把写好的字拿给妈妈看，妈妈开心地说："今天的字全都乖乖地待在'家'里啦！跟布布一样，越来越乖啦！"

第六天，妈妈拿笔将布布写得好的几个字圈出来："这几个字写得最棒，简直赶得上隔壁一年级的小哥哥了。要是每个字都写得这么棒就好啦！""我一定都会写得棒棒的！"布布承诺似的说。

第七天，妈妈把布布写的字拿给客人们看，客人们纷纷竖起大拇指。布布的小脸洋溢着自信的光芒，开心极了。

思考型孩子令父母苦恼的问题之一就是他们太过腼腆,缺乏自信。而事实证明,缺乏自信的孩子长大后无论在学习上还是在事业上都很难有突出的表现和杰出的成就。因此,帮助孩子树立自信,是每一个家长应尽的责任。

那么面对比较敏感、脆弱的思考型孩子该怎样树立他们的自信心呢?细心观察,发现孩子的每一点进步并及时表扬就是一个很好的方法。正如卡耐基大师所说:"当我们试图改变他人时,不妨用赞美来代替责备。即便只有一点点进步,我们也应该表扬他,从而激励他,促使他不断进步。"

思考型孩子更注重细节,因此也要求我们父母从细节着手,不放过孩子的每一个闪光点、每一个小进步。同时,家长要将表扬具体化,明确地指出孩子做得好的地方,而不是笼统地用"你真棒"、"你真了不起"等话来敷衍孩子。只有这样,孩子才能真正明白自己的优秀之处,才能真正拥有自信,并且更加努力地让自己在这一方面变得更好。

发掘孩子的闪光点,变自卑为自信

雯雯的眉毛边上有块蚕豆大小的胎记,上了幼儿园之后,一些陌生的小朋友经常嘲笑她,她因此变得闷闷不乐,甚至不想去上学了。为了改变这一状况,妈妈做了一个决定。

她为雯雯请了一个月的假,带孩子外出旅游。大自然的美丽风光逐渐淡化了雯雯内心的郁闷,笑容开始出现在孩子的脸上。但这并不是妈妈的最终目的。

妈妈随身带了很多童话书,在旅游的闲暇,她利用一切机会给孩子讲故事。开始，雯雯只是静静地听着，并不插话。后来，因为妈妈经常启发式地问她一些问题，雯雯开口的次数也多了起来。接着，妈妈尝试让雯雯复述自己讲过的故事。雯雯有着惊人的记忆力，几乎能一字不差地重复出来。这让妈妈很惊喜。然后，妈妈尝试让雯雯用自己的语言讲述故事，并模仿妈妈生动的语调。雯雯的故事讲得越来越好，有时甚至能加上自己的想象，进行故事续编。

回到家，妈妈让雯雯把旅行中发生的有趣的事情讲给爸爸听，爸爸听完后竖起大拇指，由衷地说："雯雯，你就是个小故事家，讲得太棒了。"然后妈妈又让雯雯讲给爷爷奶奶、叔叔阿姨们听，大家都纷纷夸赞雯雯，雯雯很快乐，也很自豪。这时，妈妈趁机对雯雯说："我们回幼儿园讲给小朋友们和老师听，好吗？"

"我能行吗？"雯雯犹豫地问。

"当然能行，雯雯讲故事是最棒的！"妈妈毫不迟疑地回答。

果然，带着一肚子故事回到幼儿园的雯雯成了最受大家欢迎的小明星。每天下午，老师都让雯雯给小朋友们讲一段旅行见闻或者一个故事，甚至别的班级也请雯雯去讲，雯雯变成了幼儿园人人皆知的"故事大王"。

每个孩子都是一块可以发光的金子，只是有的时候他们的优点暂时被沙子埋没，大人没有发现而已。思考型的孩子尤其如此，因为他们内敛、害羞的性格令他们不善于表现自己，也不愿意展示自己。而且他们过于敏感的内心又让他们特别在意自己的缺点，容易受到他人评价的影响。因此，父母要做一个成功的"掘金者"，引导孩子发现自己的长处，帮助他们树立自信。

思考型孩子容易给自己施加压力，从而使内心变得焦灼。因此，要帮助他们树立自信，首先要给他们营造一个宽松的环境。其次，既然他们很

在意别人的评价,那么就让他们多听一些正面的评价,用真诚的表扬帮助他们认识自己的优点,从而树立起自信。

思考型孩子容易纠结于自己的短处,他们会因此感到羞赧和畏缩。最好的方法是用转移法,努力发掘他们的长处,让他们的注意力不再集中于自身的缺点。这时,父母要成为他们坚定的后盾,不仅要做支持者,更要做指引者和训练者。当孩子某方面的特长表现出来后,众人就会将焦点转移到他的长处上去,他们自身也会逐渐忘记不足,从而变得更加自信。

人前不教子,保护孩子的名誉和自尊

明明的记忆力极好,《唐诗一百首》他在七岁时便能背诵出来。

有一天,家中来了客人,客人听说七岁的明明能够背诵《唐诗一百首》,有点不大相信,就出题目来考他。一连几首诗,明明都是对答如流,而且把唐诗背诵得抑扬顿挫,就像个小诗人。客人看到了明明的表现,对明明大加赞赏。明明颇为得意,难免有点沾沾自喜,然后告诉客人他不仅仅会背《唐诗一百首》,还会讲《西游记》里的故事。一旁的爸爸只是默默观看着,什么也没说。

过了几天,明明和爸爸外出游玩,当马上要走上过街天桥时,爸爸指着桥问明明"桥"字怎么写,明明把"桥"字写在了左手手心上。

爸爸又问:"把木字旁换成马字旁,是什么字呢?"

明明回答:"是'骄'字。"

"'骄'是什么意思?"爸爸追问下去。

明明的脸一下子红了,他明白了爸爸的教诲。"爸爸,我以后不会骄傲了,您教过我'骄傲使人落后,谦虚使人进步',我要做一个谦虚的人、进步的人。"明明红着脸说。

爸爸听到明明这么说，欣慰地笑了。明明爸爸知道，如果不管三七二十一，在孩子热情高涨的时候给他泼上一瓢冷水，一定会适得其反。而等事情过去一段时间以后，冷下来时，通过慢慢引导的方式来教育他，他会更乐于接受。这样教子既教育了孩子不能有骄傲之心，更保护了孩子的自尊心，可谓一举两得。

中国有一句古话："人前教子，背后教妻。"从现代教育理论来看，这是非常错误且危险的观念。

人们之所以会认同"人前教子"的做法，是因为大人总以为孩子年龄小，面子薄，即便有了过错，当众教训、指责几句没什么大不了，甚至还可以显示出自身"家教严明"。但事实上，孩子虽小，却也有尊严，"人前教子"会令他们感觉丢脸、伤心，要么因为自卑而抬不起头，要么因为愤恨而产生逆反心理。总之，两种后果都会对孩子造成极大的伤害，甚至会影响他们的一生。

对于敏感、内向的思考型孩子来说，当众被教训、指责或叱骂是最让他们难以承受的。虽然有的时候，父母"人前教子"能让孩子立刻收敛自己的行为、改正错误，但事实上这极大地伤害了孩子的自尊心，即便他们表现出很顺从的样子，内心也是充满悲伤、自卑乃至愤恨的。

因此，当父母无法抑制自己的情绪"人前教子"时，请一定想一想教育家约翰·洛克的这句名言："父母越不宣扬子女的过错，则子女对自己的名誉就越看重，因而会更小心地维护别人对自己的好评。若父母当众宣布他们的过失，使他们无地自容，他们越觉得自己的名誉已受到打击，维护自己名誉的心思也就越淡薄。"

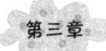

引导孩子把想法变成行动

冬天的晚上,妈妈给毛毛脱毛衣,突然,毛衣发出"噼啪"一声,毛毛的小脸被打了一下,生疼。毛毛呆呆地看着毛衣,小眉头皱着,好像在思索什么。

第二天早上,当妈妈要给毛毛穿毛衣时,毛毛怎么也不肯穿:"毛衣上有电,很危险。"爸爸妈妈一直教育他电器、插头不能乱碰,因为带电,很危险。毛毛这一点记得很牢。

一旁的爸爸笑了:"你是怎么知道毛衣上带电的呢?"

"我……自己想的。"或许是以前在电视上看过,毛毛记不清了,昨天晚上也不知他想了多久才得出这个结论。

"那是静电,不危险的,和电器带的电是不一样的。你看,现在已经没有了,不信你试试看。"爸爸试图让他明白这个道理,但是毛毛始终不肯碰毛衣。

突然,爸爸有了主意:"毛毛知道这是电,很棒。但是你知道毛衣上的电是怎么回事,是从哪里来的吗?"

毛毛摇摇头。

"跟爸爸做个小实验好不好?"

毛毛一听高兴起来。

爸爸找来一根吸管,然后把餐巾纸撕碎。爸爸拿着吸管靠近小纸片:"毛毛,你看,小纸片动了吗?"

"没有。"毛毛看得很仔细。

爸爸把吸管在头发上摩擦了好半天,然后让毛毛拿着,再次靠近小纸片:"你再看看,发生了什么?"

"哇!小纸片被吸起来了!"毛毛惊奇地大叫起来!

"这是因为摩擦让吸管带上了电,这种电叫作静电,电量很小,对人体是没有伤害的。你拿着吸管,能感觉到疼吗?"

毛毛用力地摇摇头。

爸爸得意地说:"任何事情不能光想,还要用手去做、去试,知道了吗?"

"知道了!"毛毛大声回答。

毋庸置疑,思考是每一个思考型孩子最喜欢做的事。但由于他们性格上的谨慎和保守,很多孩子仅仅停留在"思考"这一步就停滞不前了。其实,动手和动脑同样重要,世界上任何科学和真理最后都要通过实践来证明,而引导孩子养成动脑与动手相结合的好习惯对他们长大后的学习与工

作都有相当大的帮助。

一位名叫郎万志的法国科学家有一次问了小朋友一个问题:"为什么往一个装满水的杯子里放其他东西水会漫出来?而放入一条金鱼却不会呢?"小朋友想:"是因为金鱼把水喝了吗?""是因为金鱼身上有鳞片吗?"……想了很多答案,却不知道哪一个是对的。最后在妈妈的提醒下,小朋友决定亲自动手试一试。没想到,金鱼刚放进杯子里,水就溢出来了。原来,郎万志只是为了让孩子知道:科学家的话也不一定都是对的,自己动手尝试得出来的结果才是最可靠的。

所以,试着让我们的小小"思考家"变成具有实干精神的"实验家"吧,鼓励孩子把思索和动手结合起来,去探索科学的奥秘,去体验求知的喜悦!

乖巧不等于忍让,教孩子适时说"不"

筱筱五岁,妈妈从小就教育她为人要谦和有礼、友善待人,筱筱在众人眼里是一个乖巧懂事的好孩子。但是妈妈最近发现,筱筱有些太过温顺了,这让她有些担心。

比如昨天下午,妈妈带筱筱在儿童公园玩,一开始人不多,筱筱和另外几个孩子玩得很有次序、很开心。后来,孩子渐渐多了起来,几个大孩子开始带头不排队,插队的孩子也越来越多,只有筱筱依旧规规矩矩地排队。

筱筱排了很长时间,终于轮到她了。她刚要上前,一个孩子一下子插到她前面,"哧溜"一声就滑了下去。筱筱看着他滑下去后,手刚搭到滑梯的扶手,就被另一个孩子打掉了:"让我先来!"还没等筱筱反应过来,那孩子就坐上了滑梯。筱筱还是什么话也没说。这时，另一个孩子伸出手拉住她，把她拖到身后："你都让他们了，也让让我吧！"三四个孩子都看样学样地叫了起来，一个个插到了筱筱前面。筱筱紧紧地咬着嘴唇，眼泪不停地往下掉。妈妈既心疼又生气，忍不住责怪筱筱："你都不会说'不'吗？干什么任由他们插队？"

"妈妈，你不是一直教育我要谦让，不要和别人争吗？"筱筱眼泪汪汪地反问道。妈妈不知道该如何回答，难道真的是自己的教育错了？

教育孩子谦和有礼、友善待人自然是没有错的，但假如你的孩子本身就是性格温顺、隐忍，再要求他们一味地顺从，就会令孩子失去分寸、矫枉过正。

蓝色性格的孩子本身乖巧懂事，不与人斤斤计较。因此，父母在教育孩子懂得谦让的同时，一定要让孩子知道，无论面对什么情况，都要有自己的原则和立场。谦让要建立在双方友好合作的基础上，假如只是一方一味地退缩和忍让，那就不是谦让，而是畏缩。要教会孩子自信、勇敢，尤其是面对不公平待遇时，一定要大声地说"不"。

学会说"不"是一种自信的体现，更是自我意识的觉醒。一个从来不会说"不"的孩子不仅没有反抗精神，连自我意识都会被深深埋藏。这样的孩子长大后很难主动争取权益，也很难保证不被欺负。所以，假如你的孩子是蓝色性格，不妨适当地培养他们的反抗精神。要知道，一个从来都不会说"不"的孩子才是真正令人担忧的。

家长在面对这样的孩子时，不要权威来压迫他们，要尽量营造一个舒缓的环境，用温和的态度让孩子说出心中的想法。教育孩子要坚持自我，对他们不想做或不愿做的事情，要鼓励孩子说出自己的心声。要知道，有时偏偏是态度过于强硬的家长会培养出过于温顺、不懂说"不"的孩子。

孩子不善表达时，多引导、多鼓励

以前，培培是个沉默内向、不爱讲话的小男孩，可自从与爸爸进行"睡前谈话"后，培培改变了很多。

比如前天，爸爸问："儿子，说说看，今天你有什么新发现？"

"我发现优优的画画得越来越好看了，大家都说那是因为他爸爸从国外买的新画笔好，可是我不这么认为。"

"那你认为是什么原因呢？"

"我认为是他练习多的缘故。下课了，小朋友们都出去玩，只有他一直在画画。"

"嗯，分析得很正确。这世界上啊，任何事，只要多练，就一定会做得越来越好。"爸爸竖起大拇指。

昨天，爸爸问培培："下午和妈妈到小区里溜达了一圈，有什么新发现吗？"

"橘子树上的橘子变黄啦，树叶也变黄了。还有，桂花开了，香得很。对了，桂花也是黄色的。"

"呵呵，观察得很仔细嘛！"爸爸赞许地说。

"所以，我觉得秋天是黄色的季节。"

爸爸对培培的总结性发言很是惊叹："培培，你长大后可以做一个文学家了。"

今天晚上，还没等爸爸发问，培培就迫不及待地说："爸爸，我今天又有新发现了！"

"哦，是什么？"爸爸表现出很好奇的样子。

"我发现每个人的鞋底都有花纹。"

"是吗?"爸爸很认真地听着。

"你的鞋底、妈妈的鞋底、我的鞋底都有花纹,中午我还偷偷看了其他小朋友的鞋子,他们的鞋底也都有花纹。爸爸,你知道为什么我们的鞋底都有花纹吗?"

"我不知道,那你知道吗?"爸爸故意装作不懂。

"我当然知道啦!"培培大声回答,"我去问了老师,老师告诉我这是为了增大鞋底与地面之间的摩擦力,防止我们摔跤。"

"培培真了不起,不但能发现问题,还能想办法自己找答案了!"爸爸的赞叹是发自内心的。

如果说不善交流与沟通是蓝色性格孩子的缺点的话,那么这位爸爸就够聪明,因为他巧妙地用思考型孩子善于观察、注重细节、勤于思考的优点弥补了这一缺点。

对于孩子来说,这世界实在有太多太多奇妙和新鲜的事物令他好奇,父母要巧妙地利用孩子的好奇心,引导他探索新知识。只要足够细心,孩子每天都会有新发现。即便这个新发现对于大人来说实在是司空见惯、微不足道,大人也应该表现出惊喜和赞叹。要知道,正是这份惊喜和赞叹,才能鼓励孩子走得更远,发现得更多,探索得更深。

孩子对于新知识、新发现的学习能力其实是远远超出我们想象的。引导孩子去发现、去思索,不是通过一天、做一件事就可以实现的,而是要每天重复,不断鼓励。每一个发现对于孩子来说,都是新大陆,虽然在大人们的眼里,它只是一个小山丘。让孩子在不断的观察和思索中成长吧,每一个小小的发现都将成为孩子成长的阶梯!

第四章
指导型孩子多叛逆,家长要多包容和引导

# 指导型孩子的性格心理ABC

下面的小测试是专门针对黄色性格的孩子而设计的,请家长们认真回忆并回答以下问题,看看你家的孩子是否属于黄色性格。

1. 有主见,知道自己想要什么,不会动摇。

   A. 是　　　　　　B. 偶尔　　　　　C. 不是　　　　　　□

2. 喜欢用最短的路径达到终点。

   A. 是　　　　　　B. 偶尔　　　　　C. 不是　　　　　　□

3. 内心强大,不喜欢向他人倾诉内心的想法。

   A. 是　　　　　　B. 偶尔　　　　　C. 不是　　　　　　□

4. 一接到新的任务,第一时间就完成,行动果断迅速。

   A. 是　　　　　　B. 偶尔　　　　　C. 不是　　　　　　□

5. 常常因为果断自信而受到其他孩子的拥护,相反的,也会因此而遭到他人的排斥。

   A. 是　　　　　　B. 偶尔　　　　　C. 不是　　　　　　□

6. 做事非常专注,讨厌被别人打扰。

   A. 是　　　　　　B. 偶尔　　　　　C. 不是　　　　　　□

7. 掌控欲强,不愿意听从别人的指挥,喜欢占据主导位置。
   A. 是　　　　　　B. 偶尔　　　　　　C. 不是　　　　　　☐

8. 情绪较平稳,除了目标达不到时会大发雷霆。
   A. 是　　　　　　B. 偶尔　　　　　　C. 不是　　　　　　☐

9. 受到批评后不会轻易认错,坚持自己的观点并抗争到底。
   A. 是　　　　　　B. 偶尔　　　　　　C. 不是　　　　　　☐

10. 面对别人的要求会有条件地答应,答应的就会很快去做。
    A. 是　　　　　　B. 偶尔　　　　　　C. 不是　　　　　　☐

统计结果

ABC三个选项中,选择A为3分,B为2分,C为1分,请根据选择结果为孩子统计出最后得分。

分数阐释

本测试可以知晓你的孩子是否属于黄色性格。根据分数结果判断,分值大于等于20分即为黄色性格,15分至20分之间即为偏黄色性格,分值小于15分,那么你的孩子则不属于黄色性格。孩子的核心性格主色只有一种,但有的孩子的性格可能是一种,也可能是两种或多种性格的组合。要想全面了解孩子的性格,需要进行其他测试,同时还需要对孩子进行细致入微的观察。

结果分析

黄色性格的孩子坚定而又有领导能力,凡事都喜欢自己做主,非常喜欢赢的感觉。目标明确,不肯轻易妥协、勤奋、坚持,是天生的领导者。

> 培养黄色性格的孩子，家长可以

让他做主：他需要时常感受到自己对环境所拥有的控制力，所以尽可能给他一些选择而不是直接命令，比如："睡觉的时间到了，你是先洗漱再穿睡衣，还是穿好睡衣再洗漱呢？""周末你是想去姥姥家吃好吃的，还是想去科技馆看展览呢？"通过这样的提问，让他拥有"掌控"事情的权利。

承担责任：多给孩子讲讲英雄和伟人的故事，让他们明白再伟大、再强大的人也会有失误和弱点；教会他们看淡名利；鼓励他们学会团队合作，发现别人的优点。只有这样，领导型孩子才能成为真正的强者。

鼓励帮助：从小培养他助人为乐的精神，让孩子明白帮助他人其实也是在成长自我。一个经常帮助他人的领导型孩子，会拥有一颗温暖而善良的心，会逐渐变得宽容、平和，性格当中带有的攻击性和支配他人的欲望也会随之减少。

发起比赛：有控制欲的孩子热爱竞争，你可以巧妙地运用"谁比谁更好"或是"谁比谁更快"的方法激励他，比如"跟妈妈一起收拾玩具，看谁整理得更整齐"或者"你可以在今天晚饭之前完成两页计算题吗"这样有比较性的、可以量化的方法。

调皮：活泼好动，爱搞破坏

明明是一个六岁的小男孩，却是个有名的"破坏大王"。

在家里，从小不知道打碎了多少东西：拿着电视遥控器敲玻璃门，最后玻璃门敲碎了，电视遥控器也断成了两截；爬到浴缸上拉百叶窗玩，不停地拉起、放下，拉起、放下，最后百叶窗硬生生被全部拉散架；家里几乎所有的玩具都是坏的，不管多好玩、多贵重的玩具，到他手里，最后就一个字——拆；有一次他竟然对大米感起兴趣来，一个人趴在米桶边上玩了半天，最后整个人倒栽葱似的翻进米桶，米桶倒了，大米洒满了整个厨房……妈妈每次做"救火队员"，做得是又累又生气。

在幼儿园里，明明也让老师有些头疼。一个不注意，明明就闯祸了：不是把书架碰倒了，导致书散落一地，就是把老师的教具拿出来玩，搞得乱七八糟；老花匠也来告状，说明明还将花坛里的花连根拔起，因为他听见有蟋蟀唱歌，想把那小虫子找出来；小朋友们都在图画纸上画画，可他非要画在墙上，说自己画的是大象，图画纸太小，画不下……

邻居们看见明明也唯恐避之不及：王大伯家的窗户被明明踢球砸坏了，他说自己是"少林足球"；李大妈家的金鱼缸被明明打碎了，因为他想把金鱼捞出来，说是要看看为什么金鱼不会眨眼睛；林哥哥学习英语的复读机也被他拆开了，因为他想看看里面究竟是什么人在读英语……

你看，现在他又把爸爸工具箱里的螺丝刀翻出来了，在家里到处走、到处找，看到什么都想拧一拧、转一转。妈妈看着，颇有些心惊胆战：如果不制止的话，家会不会都被他拆了？

看到明明的这些表现，家长们是不是觉得很熟悉？的确，没惹过麻烦的孩子几乎没有。但是，指导型性格的孩子破坏力特别强，有时甚至会让大人忍无可忍。

指导型孩子似乎有着用不完的精力，他们对什么都感兴趣，什么都想亲自动手试一试，都想一探究竟。这是由于他们有着强烈的好奇心。但是由于孩子年龄小，自控力差，所以手眼还不协调，因此往往会把事情搞砸：玩具拆了，却装不起来了；东西拿不稳，掉到地上碎了；想学着大人切菜，最后却切到了自己的手指……

因此，大人们常常抱怨："这孩子，简直就是破坏大王！"其实对于孩子来说，"搞破坏"并不是他们的初衷，只是他们有着太强烈的好奇心、太旺盛的精力以及还未成熟的心智。当然，也不能否认，有些破坏是孩子故意为之，是他们的叛逆心所导致的。因此，对于孩子的破坏行为，父母要搞清原因，区别对待，对症下药。

叛逆：对着干，你说东他偏说西

最近，妈妈有些头疼地发现闹闹越来越不听话了，大人叫他干什么，他偏不，什么事情都要和父母对着干。

比如，早上穿外套，妈妈要给闹闹穿那件红色的厚外套，因为天气预报说今天有冷空气南下，下午会降温。可闹闹死活不肯，非要穿昨天那件蓝色的薄外套。妈妈告诉他下午会降温，他会冷的，而且蓝外套已经穿了好几天了，都脏了，可闹闹还是不同意。没办法，妈妈只得给他在衬衣外面加了件棉背心。可这样一来，蓝外套又有点紧了。闹闹就是不愿意换，最后就裹着又薄又紧的蓝外套上学去了。

晚饭后，妈妈带闹闹出去散步，碰到梁阿姨带着女儿也出来散步。妈妈让闹闹和阿姨、妹妹打招呼，闹闹就像没听到一样，眼睛看向别处。小女孩甜甜地叫"阿姨、哥哥"，闹闹不理人家，也不答话。妈妈生气地说："没礼貌的孩子，妈妈不喜欢，下次不带你出来玩了！"闹闹竟躺在地上边哭边打滚："我要出来玩！我就是要出来玩！"弄得妈妈又急又气，巴掌狠狠地打在闹闹的屁股上。临睡前，又出状况了：妈妈叫闹闹洗澡的时候不要玩水，闹闹偏不听，反而玩得更欢了。刚洗了一会儿，浴室里就"水漫金山"了，地上、台子上到处都是水。妈妈去抱他，也被他泼了一身水。妈妈气得又忍不住"收拾"了他一顿。

闹闹哭累了，睡着了，妈妈看着熟睡中的闹闹，却忍不住叹气："这孩子，这么不听话，该怎么办呢？"

和乖巧懂事的思考型孩子相反，领导型孩子应该是最令父母头疼的一类，其中最明显的一点就是他们叛逆、桀骜不驯，喜欢和大人对着干。

对于孩子的叛逆，很多家长束手无策。其实，要找到问题的解决办法，必须先明白问题产生的原因：孩子为什么会叛逆？如果大人们知道这只是孩子成长过程中不可避免的一个阶段的话，就不会这么紧张了。孩子的第一个叛逆期一般出现在三岁左右，这个时期正是孩子自我意识的觉醒期，他们开始有自己的想法，想要按自己的意愿来行事。他们希望通过说"不"来体现"自我"的力量，并不是故意要和大人对着干。这时，大人所需要的只是多一点耐心，多一点体谅，学着听一听孩子的心声，而不是强硬地命令他们一定要按照大人的意志来行事。

当然，不同性格的孩子在叛逆期的表现也不一样。因为领导型孩子易急躁、脾气火爆，所以他们在叛逆期的行为表现就特别强烈。其实，已经有研究表明，具有叛逆心的孩子长大后具有更强的自我意识、好胜心、决策力以及创新能力，其成功的概率要远远高于"墨守成规"的孩子。因此，从这一点看，孩子拥有适当的叛逆心也并不是一件坏事。

争先：自信勇敢，锐意进取

小区附近的商业广场内新开了一家肯德基，儿童节的下午幼儿园放半天假，奶奶带着源源去吃下午茶。

很快，一盒上校鸡块、一杯可乐、一个蛋挞下肚后，源源就坐不住了，他到处找肯德基里面的儿童城堡，可是没找到。奶奶说这是一家新开的肯德基，或许儿童城堡还没建好。可源源不相信奶奶的话："世界上每一家肯德基都有儿童城堡。"

"咦，这是什么？"源源看到角落里有一块地被圈了起来，地上铺着软垫，地上堆放着几个用布遮盖的大家伙。另外几个小朋友也发现了，大家指指点点，可是谁也不敢上前去看。

"我来！"源源一边说一边上前把布揭开，"耶！是大滑梯！"

孩子们都欢呼起来，可是滑梯还没装好，怎么能玩呢？

大家有些泄气，源源眼珠子一转，大声说："你们等着啊！我去找经理。"

源源先找到一个服务员，服务员带着他见到了经理。经理听完源源的话，立刻找来几个员工，大家一起把滑梯给组装起来了。

一旁的孩子早已等不及了，都脱掉鞋子想爬上滑梯。源源站在滑梯口拦住他们，像一个高傲的将军，大声宣布："我先来！你们全都排好队，一个一个，不许抢啊！"

或许是源源的气势镇住了他们，孩子们果真一个个排队玩滑梯。一旁的经理笑着对奶奶说："你这个孙子啊，长大后是个当领导的料。"

俗话说："三岁看大，七岁看老。"虽然不一定完全正确，但是孩子的性格在小时候就能体现出来，并且可以影响他长大后的生活。在肯德基里，源源表现出了自信、大胆、果敢、主动、具有冒险精神，怪不得经理说他长大后能当领导。

当然，具有领导型性格的孩子不一定都能成为领导，但一般而言，杰出的领导人物大多属于领导型性格。他们身上那种一马当先、当仁不让的精神会令他们在人群中脱颖而出、独秀一枝。或许有人觉得领导型孩子不够谦让，但是正是因为这种敢于领先的精神，才令他们具有领袖的气质，振臂一呼，众人响应。

领导型孩子的才能可以说是与生俱来的，并且有意思的是，即便同时有好几个具有领导型性格的孩子在场，他们也能敏锐地感应到，并且迅速找准自己的位置。他们之间会形成一种合作并竞争的关系，各人既有能力保住自己的地位，又能发挥自己与众不同的才干。

不安分：敢于反抗权威，打破常规

爸爸的好朋友乔叔叔一家请牛牛一家到五星级酒店吃自助餐，牛牛高高兴兴地和爸爸妈妈出发了。

一进餐厅，看到那么多好吃的，牛牛兴奋得要立刻开吃。妈妈赶紧拉住他："先跟乔叔叔一家打招呼。"

牛牛盯着菜，漫不经心地和大人们打招呼。他很纳闷，大人们天天见面，哪有那么多话要说？实在要说，吃完了再说也不迟嘛！

终于可以开始吃了，牛牛立刻跑到甜点柜，挖了一个大大的冰激凌球。爸爸说："咦，牛牛，冰激凌应该在餐后吃，这是规矩。"

"谁定的规矩？"牛牛满不在乎地说，"先吃后吃，不都吃到肚子里吗？这个还要定规矩，太多此一举啦！"

接着，牛牛点了一份最爱吃的牛排。开吃时，妈妈又提醒他："吃西餐要左手拿叉，右手拿刀。"牛牛不耐烦地嘀咕一句："哪有那么多规矩，真麻烦！"

牛牛左手拿叉吃得很不熟练，叉子和盘子撞击发出很响的声音，妈妈立刻轻声对他说："吃饭别发出太大的声音，不礼貌。"

牛牛扔下叉子，跑去拿中餐吃。妈妈一看他盘子里堆那么多菜，皱起眉头说："吃自助餐可不能浪费啊，你应该吃多少拿多少，拿了的就得全部吃下去。"

"谁规定的？"牛牛不服气地说，"没有尝过，大家怎么知道好不好吃？我每样只拿了一点点，就已经是一盘子了。"说完，他开始埋头苦吃，不理妈妈。

用餐结束后，乔叔叔笑眯眯地问牛牛："好吃吗？下次还来不？"

牛牛没好气地回答："好吃是好吃，可我下次再也不来了！"

"哦，为什么？"乔叔叔好奇地问。

"因为吃西餐规矩太多，我宁愿吃方便面！"

要领导型的孩子忍受太多的规矩吃美食，那他们宁愿吃方便面，相信这绝不是牛牛一个孩子的心声。的确，对于领导型孩子来说，他们是天生的领袖，是发号施令、让他人听从自己的人；让他们听命于他人，忍受诸多规矩的约束，是他们最不乐于接受的。

领导型孩子天生就有反抗精神，他们蔑视规矩，敢于挑战权威，具有强烈的叛逆心理。对他们来说，规矩就是捆绑他们手脚的绳索，这对于热爱领导、崇尚自由的领导型孩子来说，是难以忍受的。尤其是没有从内心认可和接受的规矩，他们都是拒绝遵守的，因为这些在他们眼里毫无意义。

不仅如此，领导型孩子还常常是规矩的破坏者，尤其是男孩。虽然我们都希望自己的孩子乖巧懂事，但领导型的孩子很难表现出乖巧的一面，不要武断地认定这是坏事。事实上，不守规矩有时等同于打破桎梏、不墨守成规。大人一定要清楚让孩子遵守的是哪一类规矩，是否能让他认可或接受这一类规矩。要知道，领导型孩子是不服输、不怕硬的，用强制的手段迫使他遵守规则，恐怕结果会适得其反。

心善：外表坚强刚毅，内心仁爱柔软

"咦，这是什么？"鑫鑫放学回家，发现客厅里多了个"小客人"——一只咖啡色的小狗正趴在沙发上瑟瑟发抖。

"毛阿姨家的狗生了小狗，送给我们一只。"妈妈回答。

"耶！太好了！我也有宠物了！"鑫鑫开心地蹦了起来。

"以后你就是小狗的小主人了，照顾小狗的任务就交给你了。"妈妈说。

"没问题！"鑫鑫一口答应。

从此，照料小狗就成了鑫鑫最重要的任务。他还给狗狗起了个名字——小鑫。鑫鑫表现出从未有过的细致和耐心：每天上学前，他给小鑫准备好狗粮和水；放学后第一件事就是冲到狗笼边，把小鑫从笼子里解放出来；每天早晚各遛一次狗，鑫鑫雷打不动，从不忘记；刚开始的时候，小鑫随地大小便，鑫鑫也不嫌脏，天天打扫，因为妈妈说，如果他不打扫的话，就把小狗还给毛阿姨。

有一次，小鑫不知吃坏了什么东西拉肚子，到最后气息奄奄，浑身一点力气都没有。鑫鑫抱着小鑫，哭着问妈妈："妈妈，小鑫会不会死？小鑫要是死的话，我也活不了了！"

妈妈既生气又心疼："不许说这样的话，你是小鑫的哥哥，你要坚强些，好好照顾小鑫，小鑫才能好起来啊！"

"嗯嗯，我一定好好照顾小鑫。"鑫鑫含着泪连连点头。

那几天，鑫鑫一直把小鑫抱在怀里，喂它吃药，喂它喝水，喂它吃饭，连睡觉也要小鑫趴在他的床边睡，夜里醒了就看看小鑫，给它喝点水。在鑫鑫细心的照顾下，小鑫竟然康复了。

听医生宣布这个消息时，鑫鑫开心得又跳又叫。妈妈感叹地说："你这么个倔强的孩子，原来也这么温柔。"

领导型孩子之所以被称为"领导型"，是因为他们具有领导者的特质：坚强、勇敢、无畏、刚毅。但正如人们常说："铁汉也有柔情。"在领导型孩子坚强刚毅的外表下，也有一颗柔软的心。

领导型孩子属于"遇强更强"的类型，面对比自己强大的对手，他们一般不服气、不服输。在权威和高压下，他们一般不会低头认输，叛逆心就是这样来的。但是，其实他们的内心并不是如钢铁般坚硬，更不是如石头般冰冷。领导型的孩子其实都有一颗同情弱者、体贴弱小的心灵，有一柔软的心。

只是，因为他们一心想要表现出强者的模样，习惯了将自己内心的热情和柔软掩藏起来。当面对真正喜爱或关心的人和物时，他们才会还原自我。领导型性格的孩子天生具有保护弱小的使命感，他们不仅对小动物充满爱心，对自己的家人和同伴也会充满保护欲。所以，在学校里保护弱小同学、在家里勇于帮妈妈承担家务的，很多都是领导型性格的孩子。

鬼点子：思维活跃，别具一格

皮皮是小区里有名的"混世魔王"，经常给妈妈惹麻烦。这不，门口的保安李大爷今天都找上门来了。

"你家皮皮把我种的花全浇死了！"李大爷一见到妈妈就大声告状。那些花可都是李大爷的宝贝，有一盆兰花他种了十几年了。

"又不是我浇的,是你宝贝孙子浇的!"皮皮满不在乎地说。

李大爷气得几乎说不出话来。后来,在妈妈的"拷问"下,皮皮终于说了实话:原来,前几天,皮皮和一些小朋友在小区运动器材场地玩耍的时候,太兴奋,太吵闹,李大爷出来呵斥了他们几句。皮皮和几个小朋友不服气,想报复一下李大爷。

几个孩子凑在一起商量了半天。有的说把李大爷晒在外面的衣服偷走,但这样会被当作小偷;有的说把李大爷保安室的窗户砸碎,但又怕被别人看见……皮皮眼珠子一转,大声说:"我有主意了!"

原来,李大爷有一个两三岁大的孙子,爸爸妈妈白天上班,孙子就由李大爷照看。皮皮他们和那小孩子挺熟的,因为那孩子也经常到运动器材区来玩。于是,当那孩子再一次来到运动器材区的时候,皮皮和几个小朋友叫住他:"你是好孩子吗?"

"我当然是啊!"那孩子奶声奶气地回答。

"帮助大人做事的才是好孩子哦!你帮你爷爷做事吗?"皮皮他们故意说。

孩子想了一下回答:"我帮爷爷浇花。"

"浇花要用开水,知道吗?我们喝水也要喝开水的,爸爸妈妈这么跟我们说的,是不是?"

孩子点点头。皮皮又说:"做好事不让别人知道才是真正做好事,所以你帮爷爷浇花的时候,也不要让爷爷看到,爷爷以后知道了会很高兴的。"

就这样,李大爷所有的花都"喝"上了孙子浇的开水。

妈妈听完后,惊讶的嘴巴张得大大的,半天没合上:"这小子的聪明才智要是用到正道上该多好!"

皮皮的恶作剧固然令人生气,但透过这恶作剧,我们却可以看到领导型孩子令人惊叹的一面,那就是别具一格的鬼点子。

大家是否有这样的印象：小时候最会出坏主意的就是领头的"孩子王"，常常眼珠子一转，一个令人叫绝的"坏点子"就出笼了，而这些"坏点子"的绝妙之处就在于一般人都想不到。于是，将"想常人所想不到"与"做常人所不敢做"相结合，领导型孩子集古灵精怪和胆大妄为于一身，令人头疼万分的"混世小魔王"就这样诞生了。

既然领导型的孩子常常会有令人意想不到的鬼点子，那么，与其责骂孩子的恶作剧，不如将他们的奇思妙想引导到学习上来。鼓励他们在学习上多思考、多研究，将他们用不完的精力用在创新和探索上。要知道，只有在大人积极、正确的引导下，孩子们的鬼点子——创新能力才会得到健康、科学的发展。

嘴硬：爱面子，心里知道错了，嘴上不承认

下午，妈妈到幼儿园接维维时，发现孩子眼睛红红的，便问维维："怎么了？挨老师批评了？"维维头一扭，倔强地说："反正不是我的错！"然后便跑出了教室。后来，妈妈在老师那里问清了事情的原委。

原来，下午班级做游戏时，维维和蕾蕾被分在一组。游戏的规则要求两个孩子合拉着一张报纸，将气球快速送到终点。

第一次，维维和蕾蕾跑得太快，气球被气流吹得掉在了地上，维维大声指责蕾蕾："都怪你，喘气那么大声，气球都被你吹跑啦！"

第二次，走到一半的时候，气球从报纸上滚落下来，又掉了。维维又生气地指责蕾蕾："谁叫你走那么快？害得我都跟不上了，气球才会掉下来。"

第三次，蕾蕾小心翼翼地走，却不料被自己的鞋带绊了一跤，气球又掉了。三次都没得到第一，维维很生气，指着蕾蕾大声说："都怪你！笨手

笨脚的!下次再也不跟你玩了!"

蕾蕾也生气了,回答说:"你才笨手笨脚!不玩就不玩,我才不稀罕呢!"

蕾蕾说完,跑开了。维维上去在她的后背推了一下,蕾蕾摔倒在地,哭了起来。老师要求维维向蕾蕾道歉,维维就是不肯,还一个劲儿地强调:"这不是我的错。是她惹我生气,我才推她的。"老师严厉地批评了他,维维虽然哭了,但依然拒绝道歉。

"这孩子,真是倔强得可以。"老师苦笑着说。

领导型孩子在团队活动中强势的一面在维维的身上得到了很好的体现。他们要强、好胜,对荣誉和胜利的追求心很强,总希望打败别人、勇夺第一。因此,在团队活动时,他们对队友的要求也很高,总希望自己能掌控一切,其他人都要听他们的指挥。而且他们又极其爱面子,所以一旦输了,就会将责任推给别人。

"推卸责任"其实是领导型孩子内心软弱的一种体现,尤其是当他们无法承受失败的打击或者想逃避大人的责备时,他们就会将责任推到别人身上。比如,他会这样为自己的打架行为做辩护:"是因为他惹我生气了,所以我才动手打他。"在外人面前,他们总想保持强大的自我形象,因此才会拼命掩盖自己的缺点或弱点,甚至攻击他人。

可见,想让孩子学会承担责任,关键在于帮助他们强大内心。因为只有内心真正强大的人,才不会害怕面对失败,不会逃避责任。多给孩子讲讲英雄和伟人的故事,让他们明白再伟大、再强大的人也会有失误和弱点;教会他们看淡名利;鼓励他们学会团队合作,发现别人的优点。只有这样,领导型孩子才能成为真正的强者。

面对指导型孩子，聪明父母教养有妙招

教育"小领导"，压制不如引导

果果马上要上小学了，妈妈给他买了一套幼小衔接的书——《逻辑狗》。这是一套将知识和游戏结合起来的教材，果果一下子就喜欢上了，刚买回来的两天，几乎一天做一本。妈妈怕他一下子接受不了那么多知识，于是就给他规定：每天只能做十页。这样算下来，一套《逻辑狗》做完，果果也上小学了。

果果勉强同意了。一开始，果果每天都有些意犹未尽，每次做完十页，他都央求妈妈让他多做一会儿。妈妈怕他吸收不了，便坚决拒绝。后来，做了一段时间之后，果果一开始的新鲜感和兴趣慢慢消减了，每天做《逻辑狗》就不再那么积极了。有时甚至要在妈妈的监督下才能完成十页的学习任务。

有一天，果果和爸爸到朋友家做客，回到家已经很晚了。果果很困，洗完澡就想睡觉。可是妈妈说每天十页的《逻辑狗》还没做完，必须做完才能睡觉。果果困得脑袋直晃："我想睡觉，妈妈！明天再做行吗？"

"不行。"妈妈的态度很坚决,"今天不做完就别想睡觉。定下的规矩必须遵守。"

"可是我想睡觉!"果果哭起来。

"哭也没用,还像个男子汉不?"妈妈根本不为所动。

果果突然发怒了,他冲上去把《逻辑狗》的书撕成两半,然后把工具扔到地上,用力地踩,一边踩一边大声说:"我就是不做!我就是不做!"

妈妈气极了,一个巴掌打在果果屁股上。果果疼得大哭,一边哭一边说:"我就是不做!我就是不做!"

领导型孩子倔强起来是九头牛也难拉回,他们蔑视权威的心气比其他类型性格的孩子都要强。因此,对于这样的孩子,爸爸妈妈们最好的教育方式不是压制,而是引导。

领导型孩子就像弹簧,压制得越厉害,反抗得也就越厉害。正如"哪里有压迫,哪里就有反抗"一样,假如家长用命令式的语气跟他们说话,他们往往会跟家长对着干:你让他往东,他偏要往西。这和孩子强烈的逆反心理有关。因此,聪明的父母在教育领导型孩子时,会更多地采取引导式教育,而不是简单的命令式教育。

那么,怎样才是好的引导式教育呢?最成功的引导式教育是让孩子在无意识中认可并接受的教育。这种教育方式就如同春风化雨,在不知不觉中就发挥了教育的效力。它以诱导和激发的手段为主,旨在发掘孩子内心的主动性和积极性。这种教育方式能够发挥力量的前提是父母尊重并相信孩子的内在潜能,让孩子感受到与父母处于平等地位的尊重感。首先,大人要杜绝粗暴的态度,停止抱怨和指责;其次,要学会换位思考,设身处地地体会孩子内心的感受;最后,大人要做的是指引者,而不是简单的命令者。

让孩子"动"起来，帮孩子改掉"多动症"

"你说这孩子是不是孙猴子转世？除了睡觉，其他时间没有一分钟是消停的。"暑假才刚刚开始，妈妈带了腾腾几天，就有些吃不消了。

"小孩子嘛，好动正常。"爸爸不以为意地说。

"正常？我认识的孩子中没有哪一个像他那样精力旺盛的。"妈妈担忧地说，"腾腾会不会有多动症？"

"瞎讲，不就是比其他孩子精力旺盛一些吗？"爸爸责怪说，"多动症是一种精神疾病，咱们家孩子哪一点不正常？很简单啊，他好动、爱捣乱，是因为精力过剩，咱们帮他消耗掉多余的精力不就行了吗？"

妈妈一听："对啊！我怎么就没想到呢？"

第二天早上，妈妈就到少年宫给腾腾报名上跆拳道。腾腾对拳打脚踢的活动很感兴趣，自然开开心心就去了。两节课下来，孩子的体力消耗还是蛮大的，腾腾的午饭吃得又多又快，也没力气再捣乱了。午睡后，妈妈带着腾腾在运动器材区玩了两个小时。在保证孩子安全的前提下，她任由孩子攀爬、跳跃，再也不制止孩子玩这个、玩那个了。最后腾腾的衣服全脏了，小脸也变成了"小花猫"，妈妈也没有喝令腾腾停下。妈妈随身带了本书，孩子在拼命消耗体力，她惬意地看书，两个人自得其乐。

晚饭过后，腾腾看了会儿动画片，就嚷嚷着要睡觉。妈妈一个故事还没讲完，小呼噜就响起来了。妈妈冲爸爸竖起大拇指，笑了。

美国儿童教育学家玛丽·科尔卡博士曾做过一项调查，数据表明10%左右的孩子都有精力过剩的症状，其中领导型孩子和表现型孩子又占了绝大多数。对此，很多家长都感到头疼。大人们既要工作，又要做家务，忙碌一天后已经很疲惫，而孩子们还像小猴子一样上下折腾、调皮捣蛋。有的孩子太过调皮，家长最后不得不采取呵斥、打骂等手段，有的家长甚至还会怀疑自己的孩子有多动症。其实，正如腾腾爸爸所说，多动症是一种精神疾病，绝大多数孩子好动调皮只是因为他们精力过剩，无处发泄而已，跟多动症根本毫无关系。

从生理学角度来讲，孩子精力旺盛很大程度上是由遗传因素决定的。和普通孩子相比，他们体内分泌的肾上腺素要明显高得多，所以他们好动、调皮，有着用不完的精力。这并不是孩子的错，一味地责怪孩子，让他们背上"捣蛋"、"不听话"等罪名，只会加重孩子的心理负担和逆反情绪。

知道了这一点，解决问题就很简单了——帮助孩子用掉他们多余的精力，让孩子们动起来。白天，尽量让孩子多参与一些消耗体力的运动，如打球、跑步、跳绳等；晚上临睡前，适当地安排一些需要注意力集中的活动，比如讲故事、唱儿歌、智力游戏等；同时也可以让孩子养养小动物，种点花草，让孩子们在照顾它们的过程中培养耐心，消耗精力。

给孩子封"官"，发挥其领导力

老师把又一次违反上课纪律的平平叫到跟前："上自习课说话，小组长提醒你，为什么还要和小组长吵架？"

"他自己上课都说话，凭什么管我？"平平不屑一顾地说。

"哦？那要是让你当小组长的话，你能管住自己和同学吗？"老师饶有兴趣地问。

"那还用说？肯定没问题！"平平自信满满。

"好！那就让老师看看你的能力。"老师趁机使用激将法，"第八组的孩子个个调皮捣蛋，就缺一个有能力的小组长，你敢不敢去？"

"有什么不敢？"平平大声回答。

"那好，就让你当两个星期的实习小组长，如果你能管住自己和组员的话，老师就正式任命你为小组长。"

老师伸出手指和平平拉钩，一个师生间的协议就这样悄悄产生了。

自从做了实习小组长，平平就像换了一个人。上课（包括自习课）的时候，他不捣乱了，不但自己不跟同学讲话、做小动作，而且还督促组员们认真上课。别说，平平在同学中间还真有些号召力，尤其是那些平时比较调皮的同学，都很听他的话。当然，也有个别同学一开始跟他唱反调，但平平不知用了什么方法，很快，那个同学就乖乖听话了。老师偷偷打听过，好像是平平号召其他同学下课不跟他玩，那个同学就乖乖"投降"了。

两周过去了，第八组再也不是扣分最多的小组了，老师正式任命平平为第八小组的小组长，去掉了"实习"二字。平平说，下学期，他还要竞选副班长呢！

既然被称为"领导型"，那么在这一类孩子身上，最突出的特点就是他们具有天生的领导才能。

领导型孩子天生喜欢掌控他人、发号施令，他们不愿意屈服于权威，不情愿听命于他人、被他人所掌控。如果他们无法成为一个团队中的领袖人物，那么很可能就会成为捣乱分子。根据这一特点，聪明的家长或老师就会给他们封一个"官"，既能督促他们管理好自己，又能充分发挥他们的领导才能，成为大人的有力助手。

大部分领导型孩子一旦成为真正的领导者，就会严格要求自己，因

为他们好胜要强,不愿意被他人说三道四。同时,因为他们有杰出的号召力、责任心和管理能力,也能很轻松地担负起管理的责任。所以,要想收服"野马",不如给"野马"套上一个"辔头",而这个"辔头"就是一官半职,哪怕只是一个小小的"实习小组长"。

孩子的无理取闹,要温和而坚决地制止

周末,爸爸妈妈带同同外出吃饭。在餐厅里,同同看见有几个小朋友在吃冰激凌,也吵着要吃。妈妈说:"同同,你前几天吃坏东西,拉了好几天肚子,暂时还不能吃冰激凌。"

"不,我就是要吃!"同同大声嚷嚷。

"你这孩子,这么不听话,哪里轮到你说了算!"爸爸生气地说,"不能吃就是不能吃!"

"我不!我偏要吃!"同同小身子一挺,从椅子上滑下来,赖在地上开始哭起来。

爸爸气得抡起大巴掌要打,妈妈连忙拦住,朝外努嘴,暗示爸爸到餐厅外面等候。爸爸出去了,同同哭得更加大声。餐厅里的客人全都看过来,有的在指指点点,有的在窃声私语,还有的发出笑声。妈妈觉得很尴尬,几乎想硬拉起同同,把他拖出餐厅。但是妈妈太了解同同这头"小倔驴"了,如果真的那样做只会换来他更加激烈的挣扎与反抗。

于是妈妈定定心,俯下身子对同同说:"爸爸已经吃完走了,你什么时候哭够了呢,就起来吃饭,吃完饭妈妈带你去买你最爱吃的蛋挞。"

"我不要吃蛋挞,我要吃冰激凌!"

"冰激凌现在是不能吃的,难道你想要去医院打针吗?你忘记打针是

很痛的了？"

"我就是要吃冰激凌！"

面对同同的蛮不讲理，妈妈决定不再理睬他，直起身子，继续吃饭。同同见妈妈不理他，哭声慢慢低了下来，后来变成断断续续的抽泣声。妈妈拿出餐巾纸给同同擦擦眼泪鼻涕，问："你还饿吗？妈妈也已经吃完了。如果你饿的话，就赶紧吃饭；如果你不饿，我们就离开。"

"我不想吃饭，我想吃冰激凌。"同同小声地坚持着。

妈妈并不去理会他，而是对服务员说："请把剩下的饭菜打包。"然后抱起同同，走出餐厅。同同没有挣扎，或许他知道，面对妈妈的坚持，他的反抗是没有意义的。

领导型孩子脾气来得很快，而且性格倔强，想要的东西一定要得到，想达成的目的也要千方百计地达成。如果达不到目的，有些孩子就会采取耍赖、哭闹的手段来迫使大人们妥协。面对这样的孩子，很多父母要么"缴械投降"，乖乖地满足孩子的要求，要么采取"以暴制暴"的手段，用打骂来迫使孩子放弃要求。这两种方式都不可取。当面对孩子的无理取闹时，不如学一学同同的妈妈——冷处理，用温柔的坚持来表明自己的态度，让孩子自己放弃。

无论当时你的孩子多么令你抓狂，都不要用暴躁的态度、激烈的手段来与孩子对抗。要知道，领导型的孩子在暴怒的时候是听不进道理的，而且你的愤怒无法给他树立一个好的榜样，他的脾气也会由此变得更加暴躁。久而久之，孩子慢慢长大，终有一天，他不再惧怕你的愤怒，这时你就无法再管教他了。

所以，当孩子哭闹时，家长不如多一点耐心，让孩子有足够的时间哭泣，让他把心中的委屈和不满哭出来。等孩子发泄完了，自然就会慢慢平静下来。这时再跟他讲道理，孩子接受起来就会比较容易。

因此，面对孩子的无理取闹，家长一定要记住五个字：温柔地坚持。既要让孩子明白你的底线，又要用温和的态度让孩子不再对抗。这样，经过几个回合之后，孩子的这种行为就会改善很多，脾气也不会越来越糟糕。

创设情境，让孩子学会尊重他人

"喂！过来帮我拿书！"

坐在沙发上看书的姑姑知道玥玥在叫她，但是她装作没听见。姑姑才刚来两天，就发现玥玥脾气急躁，说话又没有礼貌，喜欢颐指气使，因此没什么小朋友愿意和她玩。她决定帮玥玥改改这个坏毛病。

"喂！叫你呢！干吗不理我？"玥玥生气地走过来，一把打掉姑姑的书。

"啊？你是在叫我啊？"姑姑装作恍然大悟的样子，"不过我的名字不叫'喂'，你应该叫我'姑姑'，或者喊我的名字'雨菲'也可以啊。否则，我怎么知道你是在叫我呢？"

"好吧，雨菲，帮我把书架上那本《海的女儿》拿下来。"

"你是在请我帮忙吗？那为什么不用'请'字呢？"

"真麻烦，"玥玥咕哝一句，"好吧，雨菲，请你帮我把书拿下来。"

"好的！"姑姑很愉快地起身，从书架上取下书，放在玥玥手里。玥玥高兴地转身想跑开，姑姑一把拉住她："你忘记什么事情了吗？"

"没有啊！"玥玥疑惑不解地看着姑姑。

"老师说过，请别人帮忙后要说什么来着？"姑姑提醒说。

"哦，谢谢！谢谢姑姑！"玥玥一拍小脑袋，想起来了。

"不用谢！玥玥真是个有礼貌的好孩子，姑姑很乐意帮你的忙。"

受到表扬后的玥玥有些不好意思，但心里乐开了花。

这样的事情又发生了几次后，玥玥明显变得比从前懂礼貌了，"请"、"谢谢"、"对不起"等文明用语常常挂在嘴边。慢慢地，不仅大人们越来越喜欢她，小朋友们也越来越愿意跟她玩了。

领导型孩子个性刚强、脾气急躁，喜欢发号施令，再加上如今的孩子大多是家中的"小公主"、"小王子"，因此不少孩子染上了"小霸王"似的坏习惯：对大人不尊重，呼来喝去；对小朋友没礼貌，颐指气使。这样的孩子尽管有非凡的领导能力，但在与人交往时很难得到大家的喜欢和认可。因此，针对这一情况，家长要有意识地培养孩子尊重他人的习惯，学会文明交往、友好相处。

尊重是人与人之间交往的基础，一个不懂得尊重他人的孩子也得不到他人的尊重，让孩子知道这一点很重要。那么怎样才能让孩子学会尊重他人呢？最简单的方法就是从日常的小事做起。

首先，父母要尊重孩子，把礼貌用语常挂嘴边，如："谢谢"、"请"、"对不起"、"没关系"等。通过言传身教，孩子必然会懂得日常礼节的重要性，做一个懂礼貌、讲文明的好孩子。

其次，体验是最好的教育方式。如果一个孩子不懂得尊重他人，那么不如有意创设一个情境，让他自己尝试一下不被尊重的滋味。这比单纯的说教效果要好得多。只有孩子从内心深处感受到被人尊重的快乐，才能真正学会尊重他人。

义气分好坏，教孩子做帮手而非"帮凶"

去幼儿园接点点放学时，妈妈被老师请到办公室，原因是点点和申申在保育阿姨的衬衫上涂满了乱七八糟的颜料。

"我没有涂。"点点对妈妈说。

"他是没有涂，可是保育阿姨的衬衫是他拿下来给申申的。"老师说。

"你为什么要这么做？"妈妈问点点。

"因为保育阿姨对申申太凶了，不仅不让他吃第二份肉，还逼他吃青菜。申申很生气，他想给保育阿姨一点教训，把她的衬衫涂脏。但是阿姨的衬衫挂在墙上，申申够不着，我就帮他啦。"

听了点点的回答，妈妈既好气又惊讶："难道你不知道这样做是错的吗？"

"我知道，但申申是我哥们，我不帮他谁帮他？"

点点的"哥们义气"让妈妈哭笑不得："你不怕老师批评吗？"

"怕。"点点老老实实地回答，"但我还是得帮他。"

"他还帮着申申撒谎。申申说是垒垒把保育阿姨的衣服弄脏的，他也出来作证，说是垒垒做的。"老师告诉妈妈。妈妈听了更震惊了："这孩子虽然调皮，但从来不撒谎。现在为了帮申申，竟然开始撒谎了。"

妈妈意识到了事情的严重性。带着孩子回到家后，妈妈找来故事书，跟点点讲什么是真正的好朋友，好朋友之间应该怎样交往，以及好朋友犯了错之后应该怎样帮助他们。然后，妈妈告诉点点，保育阿姨不肯让申申吃两份肉、让他吃蔬菜是为了让申申的身体更健康，他们的做法，会让保育阿姨伤心的。故事生动有趣，道理浅显易懂，聪明的点点很快明白了自己今后应该怎么做。他对妈妈说，明天他就去向保育阿姨道歉，并且拉申申一起去。

妈妈笑了，说："这才是真正的好哥们！"

好打抱不平、讲义气是领导型孩子身上典型的特征。好朋友之间情谊深，这本是件值得肯定的事，但孩子年龄小，是非观念薄弱，很容易认为只有讲"哥们义气"才是真正的友谊。就像上文的点点，因为讲"哥们义气"，所以帮助好朋友撒谎、做"帮凶"。虽然当时并没有造成严重的后果，但随着孩子年龄的增长，这种是非不分的"江湖习气"长期得不到纠正，很有可能会毁掉孩子的一生。

因此，家长在孩子小的时候就应该让孩子知道什么是真正的友谊，帮助孩子认清友谊和"哥们义气"的真正含义：真正的友谊是纯洁、正直、有原则的，是互帮互助、共同进步的；真正的"哥们义气"也应该建立在是非基础之上，而不是没有原则、只顾私利的袒护与包庇。朋友犯了错，

一味地讲"哥们义气"而为朋友隐瞒,甚至成为"帮凶"的话,最后只会害人害己。

当然,言传不如身教。如果大人对待朋友也能真挚关爱、坚持原则、互帮互助,就能为孩子树立很好的榜样,孩子耳濡目染,也会慢慢懂得朋友之间的相处之道。

通过言传身教,让孩子真诚地认错和道歉

小宇骑着自行车在小区的林荫道上转悠,不小心碰倒了一个三四岁的小女孩。虽然孩子没什么事,但可能受了惊吓,哭了起来。小宇妈妈连声说"对不起",小女孩的妈妈倒是连连摆手说:"孩子没受伤,不要紧,没关系的。"

"快点跟小妹妹道歉!"妈妈命令小宇。

"我又没撞到她,是风把她的裙子吹起来,卷到我车轮里,才把她带倒的。"小宇不服气地说,"再说,小妹妹,你走路应该走在边上,走在路中间多危险。"

"小宇,你……"

妈妈话还没说完,小宇骑着自行车一溜烟跑了。

妈妈再三跟人家道歉后,气冲冲地往家走:今天非要好好教训一下小宇,这孩子,闯祸了还不肯认错!

走到楼下,恰好碰见下班回来的爸爸。爸爸听了妈妈的"控诉"后,笑笑:"孩子还不是随你?你每次不管对错,不是也从来不跟我说'对不起'吗?"

妈妈听后愣住了。是啊,每次和老公起冲突后,自己不也是骄横、蛮

不讲理、不肯低头吗？无论对错，都不肯道歉。孩子看在眼里，自然也就学了去。

回到家后，妈妈只字不提刚刚的事。反而是小宇一直小心翼翼地观察妈妈的脸色。

"请帮我把冰箱里的酱瓜拿来，好吗？谢谢。"妈妈对爸爸说。

爸爸拿酱瓜的时候，不小心把一盒鸡蛋碰掉了。要是在以前，妈妈肯定要指责爸爸，但这一次，妈妈反倒主动道歉说："对不起，我不应该把鸡蛋放在冰箱外层，是我的错。"

"我也有错，我应该更小心些。"爸爸也赶紧认错。

爸爸和妈妈相视而笑，小宇愣愣地看着，看看妈妈，又看看爸爸，好像明白了什么。

晚上睡觉时，小宇突然对妈妈说："白天我不小心撞了小妹妹，是我不对，我明天就跟她道歉去。"

妈妈开心地亲亲小宇的额头，说："有错就改、勇于承担，才是真正的男子汉！"

很多时候，领导型的孩子在做错事之后，不肯认错道歉。这固然跟孩子爱面子、倔强、不肯服软的性格有关，但是父母的教育也脱不了干系。

孩子不肯道歉，大多是内心"公主病"或"王子病"在作祟，有时即便意识到自己错了，也碍于面子不愿意说"对不起"。这时如果大人"霸王硬上弓"，一定要让孩子去道歉，反而会激起孩子的逆反心理，让他们更加不愿意去承认自己的错误。因此，不如像小宇的妈妈一样，给孩子一个冷静期，然后自己亲身做示范，让孩子明白：道歉并不丢人，相反，还能增进友谊、加深感情，给别人留下一个文明礼貌、知错能改的好印象。

第五章

亲切型孩子多胆小,家长要多鼓励和陪伴

 亲切型孩子的性格心理ABC

下面的小测试是专门针对绿色性格的孩子而设计的,请家长们认真回忆并回答以下问题,看看你家的孩子是否属于绿色性格。

1. 在家庭聚会时,不敢站在众人面前讲故事。

   A. 是　　　　　B. 偶尔　　　　　C. 不是　　　　　□

2. 做事节奏慢,心态平和,不给自己施加压力。

   A. 是　　　　　B. 偶尔　　　　　C. 不是　　　　　□

3. 觉得自己做了一件傻事,通常都要担心好久。

   A. 是　　　　　B. 偶尔　　　　　C. 不是　　　　　□

4. 做事需要较大的推动力,不会主动表现自己。

   A. 是　　　　　B. 偶尔　　　　　C. 不是　　　　　□

5. 受到别人的耻笑,会感到非常难为情,却又不敢哭出来。

   A. 是　　　　　B. 偶尔　　　　　C. 不是　　　　　□

6. 从众心理较强,喜欢大家一起做,不愿意单独承担任务。

   A. 是　　　　　B. 偶尔　　　　　C. 不是　　　　　□

7. 为人随和,愿意配合别人,非常忍让。

A. 是 　　　　　B. 偶尔 　　　　C. 不是 　　　　　　☐

8. 极少反抗，态度平和，但是行动缓慢，见效果很慢。

A. 是 　　　　　B. 偶尔 　　　　C. 不是 　　　　　　☐

9. 除非被逼无奈，否则很少承诺，不愿意承担责任和风险。

A. 是 　　　　　B. 偶尔 　　　　C. 不是 　　　　　　☐

10. 害怕被批评，受到批评后便立即妥协退让。

A. 是 　　　　　B. 偶尔 　　　　C. 不是 　　　　　　☐

统计结果

ABC三个选项中，选择A为3分，B为2分，C为1分，请根据选择结果为孩子统计出最后得分。

分数阐释

本测试可以知晓你的孩子是否属于绿色性格。根据分数结果判断，分值大于等于20分即为绿色性格，15分至20分之间即为偏绿色性格，分值小于15分，那么你的孩子则不属于绿色性格。孩子的核心性格主色只有一种，但有的孩子的性格可能是一种，也可能是两种或多种性格的组合。要想全面了解孩子的性格，需要进行其他测试，同时还需要对孩子进行细致入微的观察。

结果分析

绿色性格的孩子——随和、善良而乖巧。很少和人争吵，愿意听从他人的意见行事。但是正因为喜欢听从别人的意见，在遇到了喜欢惹是生非的小伙伴时，常常会让自己陷入麻烦。

> 培养绿色性格的孩子，家长可以

小声谈论他：小声地和别人谈论他（音量要让他听到）——"你看到宝宝今天收拾积木收拾得有多么整齐吗？看到他的进步，我真为他感到骄傲！"这种方法能让他对自己的好行为充满自豪感。

多一点耐心：作为父母的我们一定不要使用"磨蹭"、"你快一点行不行"之类的话来教训孩子，因为这些负面的词句很容易伤到"绿色孩子"的心。要知道"绿色孩子"是很倔强的，他们虽不会正面顶撞，但会无声地反抗。所以，面对"绿色孩子"，家长们一定要多一些耐心，悉心陪伴，不要说负面的话，让孩子在宽松自由的环境中自行改变拖拉、散漫的缺点。

增强自信：鼓励你的孩子，让他不要盲目跟随其他人。当他的朋友不遵守规则时，可教他这样说："我认为这样做没有意思，我们不如去干点其他的事情。"培养他尊重自我、独立自主的良好品格。

鼓励信任：信任是欣赏的最高境界，信任是发自内心地相信孩子。有时候，要想让孩子做好一件事情其实很简单，就是相信他们能做好，欣赏他们的每一次尝试和每一点努力。每一个孩子都有巨大的潜力，只有信任才能将这种潜力最大限度地发挥出来。

自卑：内向羞涩，不爱表现

幼儿园举行亲子联欢会，看着别人家宝宝在台上又唱又跳，赢得一阵阵掌声，妈妈忍不住对宣宣说："你也上去表演一个节目吧！"

"不，我不去。"宣宣摇摇头。

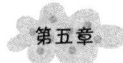

"为什么不去?"妈妈问。

"因为我表演得不好,大家会笑的。"宣宣怯怯地说。

"谁说你表演得不好?昨天你不是还给爷爷奶奶、爸爸妈妈唱了一首《小燕子》吗?唱得可好听了。"

"不行,人一多我就害怕,唱歌会走调,大家会笑我的。"宣宣还是摇头。

"那你讲个故事。就讲昨天晚上睡觉前你讲给爸爸听的那个《精卫填海》,你讲得那么熟练,肯定不会出错。"妈妈又想了个主意。

"还是不行,我怕忘词。"

"那就来个短的,让给小朋友们猜个谜语,怎么样?那么多谜语你都能倒背如流了,肯定不会忘词。"

"不行!要是小朋友们猜不出来怎么办?"

听到宣宣的回答,妈妈简直崩溃,不过她依然耐着性子说:"猜不出来才显得我们宣宣有水平啊!这说明我们家宣宣很聪明,对不对?"

宣宣犹豫了一下,依然摇着头说:"不行,妈妈,我还是做不到。"

"你这也不行,那也不行,到底有哪一点行?"妈妈终于忍不住发火了。

宣宣害怕地看着妈妈生气的脸,忍不住哭起来。妈妈更生气了:"你看看其他小朋友,哪有一个像你这样的!还是个男子汉呢,真没出息!"

听了妈妈的话,宣宣下意识地蜷缩起身子,哭得更厉害了。

当别人家的孩子大大方方在台上表演节目,像一个光芒四射的小明星时,自己的孩子却像一只胆小的兔子依偎在身边,怎么劝都不肯上台表演,这时的爸爸妈妈是不是很失望,甚至伴随着无名的怒气呢?是啊,为什么别人家的孩子都那么自信,而自己的孩子却如此胆小自卑呢?

其实，孩子自卑的原因无外乎两个方面。

一是内因：亲切型孩子的性格内向、羞涩，他们不愿意在众人面前表现自己，相反，他们更愿意安安静静地待在某个角落，最好没有人注意到他们。这与孩子天生胆怯、害羞是有很大关系的。

二是外因：家庭教育的过度保护和过于严苛都容易造成孩子的自卑心理。这一类孩子的心理比较脆弱，经不住打击和失败，因此，他们宁愿用沉默来守护自己的尊严。他们不信任自己，也不认为自己有能力完成一件事情。如果此时，家长用责备的态度逼迫他们的话，不仅不能激起他们的勇气，反而会使他们更加自卑、怯懦。教育这类孩子，温和的鼓励和耐心的陪伴比什么都重要。

胆怯：胆小脆弱，缺乏勇气

"妈妈，你今天还陪我睡觉好不好？"

马上到睡觉的时间了，宏宏站在卧室门口，可怜巴巴地看着妈妈。

"不行，宏宏已经七岁了，马上就上小学了，应该自己睡觉，不能再和爸爸妈妈睡一起了。"妈妈昨天就是没抵抗住孩子可怜无辜的眼神而投降的，今天坚决不能再投降了。

"可是我害怕，妈妈。我不要一个人睡。"宏宏抽抽搭搭地开始哭起来。

妈妈有些着急："这孩子，都这么大了，怎么还是这么胆小。怕黑、怕毛毛虫、怕陌生人，甚至连上卫生间都害怕，哪里像个男子汉……"想到"男子汉"一词，妈妈突然有了主意。

她温和地拉过宏宏："宏宏，你是男子汉还是小姑娘？"

"我当然是男子汉啦！"宏宏毫不犹豫地回答。

"男子汉胆子很大,可不会像小姑娘一样哭哭啼啼哦!"

"可是我还没长大啊,所以我胆子也没长大。"宏宏可不傻。

"妈妈什么都不怕,是因为妈妈有个很大的胆子,现在借给宏宏,好不好?"说着,妈妈假装把"胆子"从肚子里拿出来,然后快速地塞进宏宏的肚子,吹口气,说:"好了,妈妈的大胆子借给宏宏了,现在宏宏不害怕了。"

妈妈拉着宏宏走进卧室,关灯,然后又开灯:"你看,什么都没有,对不对?妈妈给你讲一会儿故事,然后宏宏自己睡,好不好?"

宏宏犹疑地点点头,妈妈故意把讲故事的时间延长,直到宏宏迷迷糊糊闭上了眼睛,才悄悄关灯离开。

第二天,宏宏一睁开眼睛,立刻跑到妈妈房间:"妈妈,昨天我一个人睡的,对不对?"

妈妈点点头:"对,宝贝真棒,一个人睡觉都不害怕了!"

宏宏开心地搂住妈妈:"妈妈,谢谢你借给我的'大胆子'!"

谁都知道,"借胆子"只是妈妈和宏宏开的一个玩笑,但聪明的妈妈正是通过这样轻松的方式赶跑了孩子内心的恐惧。

亲切型的孩子天生胆小、怯懦,这是他们性格里与生俱来的气质。但是,胆小也跟孩子后天的生活环境及经历有关。一般而言,长期在大人的溺爱里长大的孩子会更加胆小。因为害怕孩子遇到危险,大人们总是在各个方面限制孩子,不许他们做这个,不许他们做那个,久而久之,孩子就变得胆小、缺乏勇气。

另外,经常受到大人恐吓的孩子也容易变得胆小。有时候,孩子不听话,大人就喜欢用"让大老虎把你叼走"、"把你送给要饭的"等话来吓唬孩子,这些话会让孩子失去安全感,患得患失,从而变得胆小、怯懦。所以，不要一味地责备孩子胆小，要改变这种状况，首先应该从大人做起。

自我：有主见，有个性，不反抗

灵灵虽然只有六岁，可是在她身上，妈妈却发现了特立独行的影子。

比如，刚刚学习说话的时候，看到自己感兴趣的东西，灵灵很快就能学会一个名词："汽车"（她最喜欢坐爸爸的汽车兜风）、"葡萄"（她最爱吃的水果）、"加菲"（她最喜欢的猫咪名字）等，大家都夸她聪明；可是当妈妈指着长辈或客人让她叫，她却怎么都不肯开口，常常头一扭，挣脱妈妈的手就跑到一边，自顾自玩耍去了，让妈妈很尴尬。玩着玩着高兴起来，她又突然跑过来，没人让她叫，她倒很自然地叫出来。妈妈有时候也被她弄得哭笑不得。

再比如，老师让小朋友照着图片画房子，最后小朋友们都画好了，交给老师，老师却发现里面夹着一张猫咪的画。问这是谁画的，灵灵举起手来回答："我画的。"

"你为什么不画房子而画猫咪呢？"老师问。

"我不想画房子，我想画猫咪。"灵灵的回答很简单。

瞧，多有个性的回答！

爸爸妈妈带灵灵到游乐场玩，那么多小朋友在游乐场里玩得兴高采烈，唯独灵灵东转转、西转转，对什么都不感兴趣。问她要不要坐"小飞机"，她摇摇头；问她要不要滑滑梯，她摇摇头；问她要不要到"城堡"里玩，她还是摇摇头。没过一会儿，灵灵就拉着爸爸妈妈的手说要回家。回到家，她一个人安安静静地玩积木，很开心。妈妈生气地说："白花了那么多钱带你去游乐场,你什么都不玩。下次不带你去了。"灵灵却很认真地说:"是你们要带我去的呀,我没说要去哦!"

灵灵就是这么一个有个性、有主见的小女孩。

亲切型孩子性情比较温和,他们不像表现型、领导型孩子一样,什么都要尝一下,什么都要试一下。对他们来说,随心、随性才最重要。

虽然和思考型孩子一样,他们都是内向型的性格,但是思考型孩子是公认的乖孩子,愿意按照大人的指令或意志行事,而亲切型孩子却有些我行我素、特立独行。如果不认同大人的命令,他们会置若罔闻,依据自己的想法或喜好行事,但不会激烈地反抗。对于这一类孩子,大人常常会觉得拿他们没办法,因为他们简直就是沉浸在自己的世界中。

很显然,亲切型孩子对熟悉安定的环境有依赖性,不愿意做过多的尝试和改变。他们喜欢依照自己的习惯或风格做事,无论外界如何变化,他们都依然故我,坚持自己的想法。这就是亲切型孩子的个性。

有个性并不是坏事,父母也不要非得把他们打造成自己所喜欢或希望的样子。过多的要求和过于严厉的态度都会令原本胆小的亲切型孩子更加没有自信。因此,对于亲切型孩子,爸爸妈妈不妨多一些宽容,允许他们在自己的世界里多待一会儿。

拖拉:慢性子,遇事不慌忙

"明天再说"是巍巍的口头禅,也是巍巍最让妈妈"痛恨"的坏习惯。

妈妈是个急性子,不论做什么都风风火火,恨不得立刻完成。可是儿子巍巍却恰恰相反,不论做什么事都拖拖拉拉,能拖到明天的事,绝不在今天完成。

比如，周五放学前，老师布置了一项手工作业：让孩子们用秋天的花草树叶粘贴一幅画，下周一带到幼儿园。一到家，妈妈就要带着巍巍到楼下捡树叶，巍巍说："好累啊！今天走太多路了，明天再做吧，妈妈，反正还有两天呢！"

第二天早上吃过饭，妈妈让巍巍完成粘贴画，巍巍说："急什么，动画片马上开始了，等我看完了就下去。"看完动画片到吃午饭的时间了，吃完午饭要睡午觉。到了晚上，巍巍又说天太黑，看不见："明天再说吧。"

周日，相似的情景重新上演一遍，巍巍总有这样那样的理由拖拉着，最后，到周一上学前，巍巍才想起来："呀！妈妈，我忘记做粘贴画了。"

"看你到学校跟老师怎么说！"妈妈气呼呼地说。

"我就说忘记了啊，等我下午放学回来补做。"巍巍笑嘻嘻的，一副毫不在意的样子。

妈妈又急又气，可巍巍却一副淡然的样子，令妈妈毫无办法。

亲切型孩子的拖拉毛病或许是他们温开水般的性格所导致。慢性子，是对他们最好的形容。不管做什么事情，你很少会看到亲切型孩子匆匆忙忙、火急火燎的样子。懒洋洋，是他们一贯的作风，旁人已经急得火烧眉毛，可他却依旧一副"关我何事"的慢条斯理模样。

一些性格急躁的家长遇到孩子拖拉、反复催促却得不到改善时，往往就会采用"武力解决"的办法。这对内向、胆小的亲切型孩子来说是很糟糕的。他们要么就消极抵抗：你让我快，我偏慢腾腾做；要么就会被大人的训斥吓得胆小谨慎，进而影响亲子之间的感情。

所以，要想改变孩子拖拉的毛病，还是应该以鼓励为主，结合科学的方法来教育孩子。给孩子规定一段具体的时间，假如孩子能在规定时间内完成，就给予某些奖励，如允许孩子做一些自己喜欢的事等。另外，要改掉坏习惯并不是一朝一夕的事情，既然拖拉和性格有关，而性格的改变又绝非易事，父母就要给孩子多一些时间、多一点耐心。

孤僻：腼腆胆小，不喜欢被打扰

妈妈下班后路过小区的运动器材区，很多孩子在那里玩耍。孩子们三五成群，有的做游戏，有的玩运动器材，还有的在说悄悄话。突然，妈妈发现乔乔一个人远远地站在花坛边，低着头。

"乔乔，你在做什么？"妈妈走过去问。

"奶奶让我和小朋友们一起玩，可是我不想和他们玩。"乔乔回答。

"为什么？"妈妈觉得很奇怪。

"不想就是不想，没有为什么。"乔乔很干脆地说。

这时，正在不远处和几个老太太说话聊天的奶奶走过来，见到妈妈就忍不住抱怨说："人家都说小孩子爱玩爱闹是天性，可咱们家乔乔也太安静了。他从来不愿意跟小朋友们一起玩，连和他们说话都不愿意。这怎么行？所以我把他带出来，让他去跟小朋友玩。可他一直粘着我。后来我故意去跟几个老太太说话，不理他，看他会怎样。没想到他宁愿就那么一个人站着，也不愿意去跟小朋友玩。"

乔乔就像没听到奶奶的话一样，伸手去拉妈妈的衣服："妈妈，回家。"

"回家没什么意思，去跟小朋友们一起玩一会儿，然后再回家，好不好？"妈妈试图将乔乔拉往运动器材区，不料乔乔用力一甩手，大声说："不去就是不去，我就是不要和他们玩！"然后转身跑开。

奶奶看着乔乔的背影，担心地问妈妈："咱们家乔乔不会有自闭症吧？"

正如奶奶所说,大多数孩子爱玩爱闹,喜欢和小朋友一起玩耍。可是也有那么一些孩子,他们生性安静,不喜欢表现,不愿意被别人打扰,也不愿意打扰别人。这一类孩子大多就是腼腆、胆小的亲切型孩子,在其他人眼里被认为是"不合群"、"孤僻"、"清高"。

"自闭症"是一种生理及精神疾病,而不合群、孤僻只是孩子的一种性格,而且这种性格通过后天的努力是可以改变的。所以,即便孩子不太愿意说话、不善于主动和他人交流,也绝不可轻易给孩子冠以"自闭症"之名,他们只是不主动、内向、害羞,或者还有那么一点点懒惰,但绝对是正常的孩子。

亲切型孩子看起来不善于主动和他人交往,但事实上,最好的朋友类型恰恰就是亲切型的人。他们温和、柔顺,不爱多说话,但是有足够的耐心倾听他人的诉说,人们都愿意和这样的人交朋友。所以,作为父母,要有意识地引导孩子,只要多一点主动、多一点大方,孩子就能够从"孤僻"、"清高"、"不合群"的标签下解放出来。

软弱:温柔和善,不敢说"不"

"妈妈,"晚饭后,涛涛怯生生地走到妈妈身边,小声地说,"你明天能不能跟我去一趟幼儿园?"

"去幼儿园做什么?"妈妈奇怪地问。

"你去帮我把'长江七号'从左左那里要回来,好不好?"

"长江七号"是涛涛最喜欢的玩具。上周老师让小朋友们带玩具到幼儿园进行交流,涛涛就把它带去了。不过,它怎么会在左左那里呢?

"左左要用他的变形金刚跟我换着玩,我一开始不同意。可是他说只玩一会儿就给我，然后硬和我交换，我也没办法。后来，他拿了我的'长江七号'就不还给我了，已经好几天了。"涛涛委屈地说。

"你自己为什么不把它拿回来呢？"妈妈玩。

"他不肯给我，我没有办法。"涛涛委屈地说。

"那你为什么不告诉老师？"

"左左不让我告诉老师，他说要是我告诉老师的话，他就把'长江七号'扔进水里去。我没办法，只有让妈妈你去帮我要。"涛涛眼眶都红了，带着哭腔说。

妈妈既心疼又生气。心疼的是自己的孩子被别的小孩欺负；生气的是这孩子一点不像个男子汉，除了说"我没有办法"，就真的想不出其他办法。长大后要是依然这么软弱，怎么可能不被人欺负呢？

"孩子太软弱，容易受欺负"，这或许是很多亲切型孩子的妈妈共同的担忧。的确，亲切型孩子表现出的与世无争、怡然自得会令他们显得很好相处；但同时，这也会显得他们好欺负，而一旦受了欺负，他们又不太懂得与人相争，因此也不知道如何保护自己的权益。所以，作为家长，我们虽然不应该教孩子怎样和他人相争，但起码要让孩子知道，该如何保护自己的权益不受侵害。

软弱的孩子，其父母的类型不外乎两种。一种是自身软弱型。这既从遗传因素上影响了孩子的性格，又让孩子耳濡目染，受到了影响。所以，作为父母，要给孩子树立坚强、自信的榜样，要知道，"身教"的效果要比"言传"好得多。要让他们知道，遇到问题不害怕、不退缩，再难的问题都有办法解决。

另一种父母则恰恰相反，属于专制霸道型。事事包办，不让孩子参与锻炼，这样孩子就会养成依赖性，变成不主动、不积极的性格。而父母过于急躁严厉,就会让孩子产生畏惧心理,不敢与父母沟通交流,遇到事情也不敢寻求父母的帮助,久而久之,性格就容易变得软弱、怯懦。

因此,要改变孩子软弱的性格,首先要父母从自身做起。要知道,父母才是孩子最直接的老师,也是孩子最强有力的依靠。

沉默:什么事都藏在心里

妈妈发现思思最近有些奇怪。整天闷闷不乐,常常一个人发呆,有时候小小的动静都会让她非常惊恐。更糟糕的是,思思最近很不喜欢上学,每天早上都要赖床。妈妈一开始还以为是思思睡眠不足,所以接下来几天都是很早就让思思上床睡觉了。后来,妈妈偷偷观察过几次,发现思思其实很早就醒了,只是为了逃避上学而故意磨蹭。

思思究竟是怎么了?妈妈有些担心。但是问了孩子好几次,孩子都摇摇头说:"没什么。"妈妈打电话给老师,老师也说思思只是变得沉默了很多,但具体发生了什么,她也不清楚。

恰好妈妈的一个朋友来家里做客,听妈妈讲完后,这位从事心理研究的朋友立刻说:"孩子肯定是心理上出了问题。"妈妈大吃一惊:"这么小的孩子,刚刚上一年级,怎么可能心理有问题呢?"朋友说:"别着急,和孩子交流交流。"

妈妈不知道朋友究竟用了什么办法,终于让思思说出了心里话。原来,思思上小学后和一个调皮但聪明的小男孩是同桌。思思的数学不如小男孩,做题目常常会出错,小男孩就嘲笑思思是"猪",有时候还抢她的东西用,甚至霸占大部分的课桌,把思思挤到角落里。思思有一次生气地说要告诉老师,小男孩说老师喜欢成绩好的孩子,像思思这么笨的女孩没人会喜欢,所以告诉老师也没用。他还威胁思思,如果她告诉老师,他就把思思"笨得像猪"这件事告诉全校的人。于是思思谁也不说,就一个人闷在心里,郁郁寡欢。

知道了事情的真相,妈妈立刻找到老师和小男孩的家长。经过交涉,小男孩向思思道了歉,老师也为思思换了一个性格开朗、和气的新同桌,思思才渐渐恢复了正常。

亲切型孩子不善与人交流的性格会让他们将心事藏在心里,如果跟父母不够亲近的话,那么连父母都不知道他们心中想的是什么。这种性格在正处于成长期的孩子身上是比较令人担忧的,如果孩子不说,我们家长就不知道在孩子身上究竟发生了什么,更谈不上去帮助孩子。

孩子选择沉默的原因无非有两个:一是他不想说,二是他不敢说。前者是因为内向,而后者则是因为孩子过于胆小和懦弱。

那么如何才能让孩子开口呢?作为父母,最重要的是给孩子足够的安全感和归属感,赢得孩子的信任,这样孩子无论遇到什么事情,都愿意并且敢于开口和父母商议。

其次,父母要主动关心孩子,一旦察觉孩子的情绪有变化,即便孩子不开口,也要主动询问。一次不说问两次,两次不说问三次,让孩子感受到你的关心,并且让他明白无论发生什么事情,你都会支持并帮助他,那么孩子最终会愿意把心事说出来的。

最后,问题的关键还是要培养孩子自信坚强的性格,平时注意锻炼他们处理问题的能力。要知道,孩子总有一天要自己面对人生,人生道路上的一切问题,也都要自己去解决。

 **面对亲切型孩子,聪明父母教养有妙招**

陪伴和鼓励,帮孩子克服恐惧

因为工作,爸爸妈妈没有时间照顾翼翼,三岁以前,翼翼一直在乡下由爷爷奶奶照看。翼翼到上幼儿园的年纪了,爸爸妈妈想办法将工作稳定下来,把翼翼接到身边自己照顾。可是,孩子刚接来没几天,妈妈就发现翼翼有一个很大的问题:胆小。

翼翼怕黑,怕软软的小虫子,怕打雷,怕一个人单独待着,甚至连别人大声说话他都害怕。爸爸妈妈很忧虑,一个小男孩胆子这么小,以后可怎么办呀?为了改变这一状况,妈妈打电话咨询了一位很有名的儿童心理学专家,专家告诉妈妈:消除孩子的恐惧,最好的方法是让他有足够的归属感和安全感,而孩子最大的归属感及安全感来自父母。

妈妈很快明白了专家的意思。对于孩子的胆小,妈妈和爸爸从来不大声指责或叱骂。在翼翼害怕的时候,爸爸妈妈不仅会给孩子温暖的安慰,还会想办法转移孩子的注意力。

有一次,妈妈带翼翼去坐火车,当火车鸣着汽笛声呼啸而来时,翼翼被

这个中在电视上见过的大家伙吓坏了。他一个劲儿地往妈妈怀里躲，两只手紧紧地抱着妈妈的大腿，一边哭一边说:"妈妈，回家!妈妈，回家!"

妈妈蹲下身子，温柔地用双手抱着他，一边轻轻拍打着他的背，一边温和地对他说:"火车声音大是因为它力气大，你看，那么多人都坐在上面，火车要把他们送到各个地方去。"妈妈指着一个和翼翼差不多大的小女孩，她正蹦蹦跳跳地上了火车:"瞧，那个小妹妹比你还小呢，她都上火车了，我们也上去好不好?等一会儿，火车就开起来了，感觉就像飞快地跑步一样，你想不想试一下呢?"

翼翼的脸上显出犹疑的神情，妈妈微笑着看着他。妈妈眼中的温和与笑意鼓舞了他，最后，翼翼拉着妈妈的手走上了火车。

到了火车上，翼翼一开始还有点紧张。当火车开动起来，妈妈指着外面飞驰而过的景物给他看，慢慢地，翼翼放松下来，小脸上也逐渐露出了微笑。

怕黑，怕小动物，怕孤独，怕一切看不见的妖魔鬼怪，这对孩子来说是很正常的现象，甚至有些大人也害怕这些。所以，当孩子胆小、害怕时，不要指责他们，因为恐惧是一种正常的心理。但是，如果孩提时代的恐惧没有很好地解决，等孩子长大后这些恐惧仍会在孩子的心里留下阴影，进而影响孩子的心理健康。因此，对于孩子过分胆小的问题，家长也不可以掉以轻心。

任何恐惧的产生都是对外界环境所产生的回应，而正如文中的心理学专家所讲，消除孩子恐惧的最好办法是让孩子有足够的归属感和安全感。在孩子害怕的时候，有父母的爱围绕在身边，不仅可以让孩子安心，还能给予他们精神上的鼓励。

对于3—7岁的孩子来说，父母是最值得信赖和依靠的人，因此当他们感到害怕时，张开臂膀保护他们是唯一正确的做法。或许有的家长认为，要让孩子坚强，就必须摔打。但事实证明，把孩子一个人留在黑屋子里或者硬让他们面对害怕的事物，不但不能锻炼他们的胆量，还会令孩子的神经更加脆弱、更加敏感。所以，当孩子害怕、胆小的时候，不妨轻轻地搂住他们，对他们说："宝宝不哭，妈妈在这里。"这样才能给孩子信心和勇气，慢慢地消除他们内心的恐惧。

别让虚假的怪物吓破孩子的胆

"妈妈，我要和你们睡！"

六岁的萌萌站在爸爸妈妈卧室门口，抱着自己的小枕头，不肯离去。

妈妈吃了一惊："宝贝，你早就一个人睡觉了，为什么又突然不肯了？"

"我怕黑。"萌萌回答。

"黑有什么好怕的？"妈妈笑着说。

"天一黑，怪物们就都跑出来了，大灰狼、大妖怪，会吃人的！"萌萌越说越害怕，一个箭步爬到爸爸妈妈的床上，不肯下去了。

"萌萌羞羞，这么大还要跟爸爸一起睡吗？"爸爸故意这么说。可是萌萌丝毫不为所动，赖在床上不肯起来。

妈妈觉得有些奇怪："萌萌，你是从哪里听来这些的？"

"今天下午你和爸爸看电视，那些怪物都是躲在黑暗里的，坏人也是。"萌萌一边说，一边紧紧地依偎在妈妈怀里。

妈妈和爸爸这才想起来，下午闲着没事，在客厅里看了一部恐怖片。当时萌萌正在旁边玩，没多久就被奶奶带出去散步了。没想到就那么一会儿工夫，电影里的大怪物就给孩子留下了这么大的阴影。

"萌萌不要怕，那只是电影。现实生活中是没有大怪物的。"妈妈跟萌萌解释说。但萌萌只是摇头，不相信妈妈说的话。妈妈犯了愁，该怎么才能消除孩子心中的恐惧呢？

还是爸爸有办法，他用电脑制作了一个关于电影道具的说明，让萌萌了解所谓的怪物都是人们假扮的，而黑暗只是因为人们的眼睛看不见而已，根本就没有怪物躲藏在里面。萌萌虽然看懂了，但还是不太愿意一个人去睡觉。看来，一时片刻的惊吓是需要很长的时间才能抹平的。

对于黑暗的恐惧是每个人都会经历的，但对3—6岁的孩子来说，这种恐惧会来得更加强烈。这是因为处于这个年龄段的孩子，想象力逐渐丰富，但是他们的认知能力和判断能力却尚未成熟，所以，他们总认为看不见的黑暗中隐藏着某种怪物和妖魔。一般来说，随着孩子年龄的增长及认识水平的提高，对黑暗的恐惧也会逐渐减少。但父母也应该及时帮助孩子减轻压力，使孩子尽早走出心理的黑暗恐怖区。

意识到孩子怕黑是正常生理现象之后，父母就不应该强迫孩子独自面对黑暗。要知道强制和叱骂不会让孩子变得胆大，父母表露出来的愤怒和失望，反而会让孩子失去安全感。在孤立无援的情况下，孩子的恐惧心理只会不断加深。平时在生活中，家长也尽量不要让孩子接触恐怖或血腥的影视作品，不要用妖魔鬼怪等神话故事来吓唬孩子，不要说"再不睡觉就让大灰狼把你吃掉"或者"不听话就把你丢给妖怪抓走"之类的话。

记住，成人的情绪很容易感染孩子，尤其是年轻的妈妈，不要表现出对黑暗的害怕和恐惧。在孩子面前，对黑暗要保持平常心。在走进黑暗的房间时，要在孩子的前面走进去，然后打开灯，让孩子感觉到无论是在黑暗还是光明的环境中，一切都如往常一样平静、正常。慢慢地，孩子就会习惯黑暗、接受黑暗。

创造机会,帮孩子克服害羞交朋友

雅雅是一个内向听话的小女孩,很讨大人喜欢。可是妈妈发现,孩子的朋友不多,带她出去玩的时候,其他小朋友能很快打成一片,只有她远远地站着,不去参与孩子们的活动。问雅雅为什么不去和小朋友们玩,她回答:"没意思。"妈妈有些担忧孩子长大后会变得孤僻、冷漠,于是决定改变这一状况。

恰逢妈妈生日,一大早,妈妈就起来忙里忙外,准备了一桌子丰盛的午餐。陆陆续续地,一些叔叔阿姨们拎着礼物来敲门。妈妈见到每个人都是那么开心,他们互相拥抱或者握手,互相寒暄、打趣。一些叔叔阿姨还带来了自家的小朋友,妈妈早早地就教过雅雅如何做一个小主人。虽然雅雅有点害羞、胆怯,但还是按照妈妈的吩咐,带小朋友们到自己的房间玩。

午餐开始了,大家一起吹蜡烛、唱生日歌、吃大餐,好不热闹!

客人们走了之后,雅雅对妈妈说:"妈妈,你今天特别漂亮。"

"是啊,因为妈妈今天特别开心!"妈妈回答。

"是因为今天是你的生日吗?"雅雅问。

"是因为今天有那么多好朋友来给妈妈过生日。"妈妈搂着雅雅说,"这些叔叔阿姨们,有的是妈妈从小的好朋友,有的是妈妈长大后认识的好朋友,每一个阶段,都有不同的好朋友陪伴在妈妈身边。妈妈难过的时候,他们给妈妈安慰和鼓励;妈妈开心的时候,他们和妈妈一起开心快乐;妈妈有困难的时候,也是这些朋友帮助妈妈解决困难。有那么多好朋友,妈妈觉得自己是世界上最幸福的人。"

雅雅认真地听着,大大的眼睛里充满着羡慕的光芒。妈妈微笑着问:

"等雅雅过生日时,也请雅雅的好朋友来家里做客,好不好?"

雅雅想了想,轻轻地点了点头。

我们常说:"把交朋友的自由还给孩子。"但是对于内向胆怯的孩子来说,大人应该鼓励并给予适当的指点和帮助,教会他们如何交朋友、如何与朋友们融洽相处。

因为性格,亲切型孩子不会主动与他人交朋友,因此父母应该创造条件和机会让他们跟同龄人相处、玩耍。虽然父母不能全程控制孩子交往,但是只要孩子多跟小朋友们在一起,就会有更多交朋友的机会。因为人具有社会属性,渴望与他人交往是人的本能,即便是内向的孩子,内心也有结交朋友的渴望。

学会与人交往、结交朋友不宜太晚,孩子一两岁时,父母就应该经常带孩子到新的环境、新的人群中去。陪伴在孩子身边,让孩子有足够的安全感;同时鼓励孩子多与不同的人接触,多参加群体活动,以锻炼孩子的胆量和与人相处的能力。事实证明,越早与人群接触,接触的人群越多,孩子的性格越开朗,适应环境的能力和长大后的社会交往能力就会越强。

信任孩子,是对孩子最好的鼓励

宏宏没足月就出生了,出生的时候还是难产。当时医生就说,即便这孩子能活下来,智商也会受到影响。但是宏宏七岁上小学,行为举止和正常的孩子并没有什么不同,这都是因为妈妈平常最喜欢说的一句话:"你能行!"

宏宏小的时候不仅胆小,而且反应比较迟缓,小朋友们常常嘲笑他,唯独妈妈每次都会坚定地看着他,用充满信任的语气对他说:"你能行!"

比如，亲子运动会上，爸爸妈妈和孩子接力赛跑，宏宏比较瘦弱，他本来不想参加，但妈妈对他说："你能行！只要跑到终点就是胜利。"宏宏虽然没有其他孩子跑得快，但是在妈妈的鼓励下，他跑到了终点。在其他人看来，这或许并不算什么，但是对于先天小腿发育不良的宏宏来说却是了不起的，所以妈妈特意向学校申请了一张"特别奖状"。宏宏捧着那张奖状，开心地哭了。

再比如，幼儿园举行绘画大赛，宏宏不敢报名，因为有的小朋友嘲笑他"不知道画的什么"，但妈妈给他信心，对他说："你能行！你画的是你眼中的世界。"虽然宏宏最终并没有获奖，但妈妈把他的画贴在家里的墙上，每一次来客人，都会指着宏宏的画，骄傲地对大家说："瞧我儿子画的一家三口！"在妈妈的鼓励与赞扬中，宏宏对画画越来越感兴趣，最后幼儿园毕业时画的《我的幼儿园》还被贴在大厅里展览了呢！

就这样，宏宏在妈妈"你能行"的鼓励声中一点一点成长起来，从一个羸弱、胆怯、内向，甚至有些先天不足的早产儿变成了一个自信、阳光，和正常孩子一样聪明活泼的小男孩。

著名教育学家赫伯特·斯宾塞曾经说过，亲人、朋友或老师对于孩子的积极暗示与鼓励，会对孩子的心理和智力产生良好的作用，并且孩子与暗示者的关系越亲密，这种积极的作用就会越明显。

"你能行！"虽然只是简简单单的三个字，却饱含了妈妈对孩子全部的信任和积极的鼓励，会让孩子在潜意识中产生"我一定可以"的信念。这句饱含信心、鼓励的积极话语，会让孩子的心如同向日葵一样保持饱满、积极向上的状态。即便孩子一开始做得并不是很好，但经过一次次的努力和尝试之后，孩子一定会做得越来越好。反之，假如孩子从父母那里接受的都是"你不行"、"你能力太差"、"你不如别人"这样的评价与暗示，那么孩子的心里就会充满悲观和自卑的情绪，无论做什么都不会成功。

所以，对于内向胆怯的孩子，父母一定要多鼓励，一定要无条件地信任他们，从而使他们树立自信。多一些积极的赞美和暗示，孩子就会对未来充满希冀和信心，从而努力地向成功迈进！

别催，多给孩子一些时间

星期天，雷雷家来了一位小客人——一个比雷雷小两岁、长得非常漂亮的小妹妹。妈妈叫雷雷出来打招呼："快向林阿姨和纯纯妹妹问好。"

雷雷低低地叫了一声"林阿姨"，就躲到妈妈身后。倒是纯纯大方、响亮地叫了声："哥哥好！"雷雷侧着脸，"唔"了一声，算是答应了。

"带妹妹去玩吧。"妈妈热情地把纯纯的手放到雷雷手中，雷雷却把手背到身后："跟她有什么好玩的啊？"

"你这孩子……"妈妈想责备雷雷的冷淡,可话没说完,雷雷就自顾自转身走开了。纯纯乐呵呵地跟在后面:"哥哥,你等等我!"

妈妈有些无奈地看着林阿姨,不好意思地说:"这孩子就这样,有点认生,不过一会儿就好了。"林阿姨微笑着,没有说话。

林阿姨和妈妈讲了一会儿话,心里还是放心不下纯纯,趁妈妈去厨房做饭的时候,轻轻走到雷雷的房门口,悄悄往里看。只见房间的地板上堆满了好吃的、好玩的,纯纯骑在雷雷的身上,正开心地笑着,雷雷扮作"大马"任纯纯骑着,满头大汗在地上爬。

林阿姨大吃一惊,赶紧把纯纯抱下来:"你会累坏哥哥的!"

"是哥哥让我骑的!"纯纯奶声奶气地说,"哥哥真好,妈妈,你也给我生个哥哥好吗?"

纯纯的话让林阿姨和刚走到门口的雷雷妈妈都大笑了起来。

有些孩子,在初与陌生人接触时,常被人误解为冷淡、漠然,拒人于千里之外。事实上,他们只是怕羞、内向,还缺乏一点点与人打交道的技巧而已。这样的孩子大多是思考型或亲切型孩子。在人际交往中,他们常常属于比较被动的一类,但这并不代表他们缺乏热情,只是因为性格天生温和,所以他们的表达方式比较内敛,不像表现型孩子和领导型孩子那样热情四溢,瞬间就能和陌生人打得火热。性格内向的孩子与陌生人熟悉后,其实更容易相处,因为他们性情温和、大度,让人有种舒适感。就像雷雷,虽然一开始表现得有些冷淡,但事实上,他是很喜欢这个小妹妹的,甚至愿意为她"做牛做马"。所以,这些孩子内心也隐藏着热情和善良,他们虽然不像火那样热烈,却像春风一般温暖。

因此,如果你的孩子在一开始对他人表现得有些冷淡,千万不要指责他们不懂礼貌、缺乏热情。多给他们一些时间,他们需要在接触中慢慢熟悉对方，慢慢升温情感，这是思考型孩子和亲切型孩子与人相处的方式。作为父母，我们要多一些耐心，相信他们一旦敞开心扉，就会充满善意和热情，以最大的热忱对待他人，并且相信他们的与人相处之道一定会给他们带来友谊和真诚。

鼓励孩子多开口，培养良好的表达能力

谁都不会相信，鲁鲁曾经有些口吃。

因为这个毛病，鲁鲁从小受了不少嘲笑，孩子也因此变得敏感、内向，不愿意在人前开口。为了改变这一状况，妈妈请教了不少专家，有一位专家建议将孩子送去参加演讲培训。

一开始，妈妈有些犹豫：孩子连正常说话都有些困难，能参加演讲吗？

专家微笑着告诉妈妈：演讲和说话不同。演讲是不打无准备之战，在开口前，演讲的题目和内容都要经过精心挑选和准备，甚至连表情和语气、语调都会事先设计好。在专业老师的指导下，孩子准备充足，自然就能有较好的发挥。而发挥出色，对于孩子自信心的树立以及思维、表达能力等各方面的提高都有非常积极的影响。当然，演讲绝不是背书，一段时间之后，老师还会逐步训练孩子的即兴演讲能力，以提高孩子的反应速度和表达能力。孩子演讲能力提高了，平时的说话交流还需要担心吗？事实证明，治疗口吃的最好方法就是演讲。

妈妈半信半疑地将孩子送去了"小小演说家"的培训机构。果然如专家所说，经过一段时间的培训之后，鲁鲁不仅改掉了口吃的毛病，口语表达能力也得到了很大的提高，更重要的是，鲁鲁变得阳光自信，再也不害怕开口说话、与人交流了。

孩子语言能力的飞速发展期一般是在2—3岁，4岁后，无论智力还是表达能力都会有一个质的飞跃。这时，他们已经不再满足于用简单的词句来表达自己的思想和见解，有时候甚至像小演讲家一样"喋喋不休"。这时，父母要做的是给孩子极大的耐心，听他们说话，哪怕是一些鸡毛蒜皮、幼稚可笑的事。孩子的语言表达能力、组织能力乃至今后的写作能力都是在这个阶段打下基础的。

但并不是所有的孩子都天生热情，愿意与人交往，亲切型孩子主动开口的机会就很少。因此，作为这一类型孩子的父母，更应该竭力创造条件让孩子多开口，培养孩子的沟通能力。

当然，并不一定非要像鲁鲁的妈妈一样把孩子送去演讲培训班，只要有心，在日常生活中，也可以找到各种机会潜移默化地培养孩子的表达、沟通能力。比如，多和孩子交谈，鼓励孩子多讲讲和朋友之间的交往、一天中有趣的见闻以及自己的感受等；教孩子一些朗朗上口的儿歌，或者指导孩子进行简单的看图说话，用讲故事的形式培养孩子的语言组织能力、表达能力以及想象力；还可以和孩子玩一些语言类的游戏，比如让孩子说说家庭中每个人的特点、词语接龙等，以此来培养孩子开口说话的兴趣。最后，随着孩子沟通能力的提高，孩子的性格也会变得更加开朗阳光、充满自信，这才是最有意义的。

欣赏孩子，发掘孩子的潜能

爸爸收拾抽屉的时候发现了一只用硬纸板做的大象，他想起来，前几天看见亮亮一直忙着做手工，这应该是他的劳动成果，不过怎么会孤零零地躺在抽屉里呢？

爸爸把大象放在桌子上，大象没立住，一下子倒了下来。爸爸好像明白了什么。

"亮亮，这只大象做得不错，能送给爸爸做礼物吗？"爸爸假装不经意地问亮亮。

"你真的觉得它不错吗？"亮亮怀疑地看着爸爸，"可是，它站不起来，它是一只残疾的大象。"亮亮有些沮丧地说。

"是吗？不过这是你第一次做手工吧？我们来找找原因，说不定下次你就能让大象站起来了。"

听了爸爸的话，亮亮很高兴，他兴致勃勃地和爸爸研究起自己做的大象。原因很快找到了：大象身子重，虽然亮亮做的象腿也不细，但太高了一些，所以就支撑不住大象庞大的身躯。

"你看《动物世界》里面的大象，腿是不是又粗又短呢？"爸爸提示亮亮。

亮亮一拍脑门："爸爸，我们来重新做一只好不好？"

"你这只就做得非常棒了，只要这一点改了，肯定能成功，爸爸相信你！"

在爸爸的鼓励下，亮亮很快做完了第二只大象。当这第二只大象稳稳地站在桌上时，亮亮禁不住欢呼起来。爸爸趁机说："这只大象做得不错，比例更协调了，送去参加手工展吧？"

"能行吗？"亮亮犹豫地说。

"没问题！"爸爸肯定地说，"爸爸我是个设计师，我看好的还能有差错？"

于是亮亮高高兴兴地同意了。

虽然亮亮的大象在无数的作品中只是小小的、不起眼的一个，但孩子的心中充满了自豪。

台湾作家林清玄在报社做记者的时候，曾写过一篇关于小偷的报道，那名小偷作案千余起，手法非常细腻，林清玄在文章最后不禁感叹道："心思如此细密，手法如此灵巧，风格这样独特的小偷，做任何一行都会有成就的吧！"这名小偷看了报道后感触良多，竟然脱胎换骨，在二十多年后成了羊肉火锅连锁店的大老板。

这就是"欣赏"的魅力！对于一个小偷尚且能起到改变一生的作用，那么对于像白纸一样的孩子呢，赞赏教育又能起到怎样神奇的效果？

亮亮的爸爸就是这样一个深谙赞赏教育之道的好家长，正是因为有了爸爸的欣赏，亮亮才有了做第二只大象的动力，才有将作品送去展览的自信。

信任是欣赏的最高境界，信任是发自内心地相信孩子。有时候，要想让孩子做好一件事其实很简单，就是相信他们能做好，欣赏他们的每一次尝试和每一点努力。每一个孩子都有巨大的潜力，只有信任才能将这种潜力最大地发挥出来。

学着坐第一排，鼓励孩子的竞争意识

向向和妈妈去听报告。进入会议大厅后，妈妈径直走到第一排，找了两个最中间的位置坐下来。向向看见很多小朋友和家长都坐在中间或后面，前两排几乎就自己和妈妈两个人，于是便拉拉妈妈的衣服，小声说："妈妈，我们也坐到后面去吧？"

"为什么？"妈妈奇怪地问。

"前面靠主席台太近了。"

妈妈微笑着回答："正是要坐得近才有机会啊！"

向向虽然不明白妈妈是什么意思,但妈妈坐了下来,自己也就跟着坐了下来。

报告开始了,由于离得近,做报告的教授虽然年纪大了,声音低,但向向和妈妈听得很清楚。教授的报告很风趣,向向一边听一边笑。

报告中途,教授做了两个实验,请向向上去帮忙。向向虽然有些害羞、紧张,但在妈妈的鼓励下,他还是勇敢地走上了台。后排有的孩子看不见,站在凳子上或桌上看,还有的甚至站到了爸爸的肩头。

实验做完了,教授拥抱向向表示感谢。报告结束后,一些孩子跑上去和教授合影,教授微笑着示意向向一起上台合影,并且揽着向向站在最中间。

回家的路上,一些小朋友羡慕地跑过来,拉着向向问东问西,尤其是他竟然和教授一起做实验,这让其他孩子很羡慕。

回到家，妈妈问向向："今天开心吗？"

"开心！"向向兴奋地回答。

"如果我们坐在后排，你会有机会和教授一起做实验、一起站在中间合影吗？"

"不会。"向向摇摇头。

"这就是妈妈说的'坐得近才有机会'，记住，以后永远要争取坐第一排！"

向向虽然不能完全理解妈妈的意思，但还是用力地点了点头。

"永远坐在第一排"是英国前首相撒切尔夫人小的时候，她父亲送给她的一句话。正是在这句话的激励下，撒切尔夫人在生活、学习和工作上，始终有勇夺第一的信念和勇往直前的精神，最后成为一代"铁娘子"。

在充满竞争的现代社会，亲切型孩子与世无争的性格只会让他们主动放弃竞争，最后被茫茫人海淹没。因此，父母要教育孩子具有竞争意识，并培养孩子竞争的勇气和自信。"永远坐第一排"就是最好的鞭策。

"坐第一排"所表现出的其实是一种人生态度，它可以激励孩子积极向上，勇敢地追求。人生在世，无论做什么，都必须有拼搏奋斗的勇气和勇夺第一的信念。胆小的孩子更需要这样的历练和鼓励，需要有竞争的意识和信心。所以，当孩子们不自信、不勇敢的时候，请记得跟他们说："要坐第一排。"因为，坐第一排需要敢于挑战自我、勇敢争夺机会、敢于表现自己的精神和勇气。

下 篇

用爱赢得孩子的心,帮孩子塑造迷人好性格

第六章

懂感恩的孩子,性格和灵魂中充满香气

 百善孝为先，于言传身教中学感恩

晚饭后，妈妈在客房忙着整理，帅帅跑过来问："妈妈，咱家要来客人吗？"

"不是客人，是家人。爷爷奶奶要来了！"妈妈一边往床上铺鸭绒被一边说。

帅帅用小手摸摸被子："好软呀！"

"爷爷奶奶年纪大了，怕冷。鸭绒被又轻又软，盖了正合适。"妈妈回答。

"等你和爸爸年纪大了，我也给你们买鸭绒被！"帅帅大声说。

第二天，从车站接回爷爷奶奶后，爸爸妈妈在大饭店为爷爷奶奶接风。席间，妈妈和爸爸不停地给爷爷奶奶夹菜，帅帅看着，也夹起一个鱼头放进奶奶的碗里："奶奶吃鱼头，爸爸说您最爱吃鱼头了。"

爸爸笑了："那是因为爸爸小的时候，奶奶要把鱼肉省给爸爸吃，所以才故意这么说的。现在奶奶年纪大了，要吃鱼肚子，没有刺。"

"怪不得妈妈也爱吃鱼头，原来是省给我吃呢。妈妈，"他扭过头认真地对妈妈说，"等你年纪大了，我吃鱼头，你吃鱼肚子。"妈妈感动得狠狠亲了帅帅一下。

到家后，爸爸给爷爷奶奶拿拖鞋，妈妈忙着烧水给爷爷奶奶洗脸擦手。帅帅扶着爷爷奶奶在沙发上坐下，跑进房间，把自己所有的零食都捧出来放在茶几上："爷爷奶奶，这是进口的巧克力，这是最好吃的猪肉脯，可香了，这是老师奖励给我的饼干……你们快吃吧！"

爷爷奶奶笑得合不拢嘴，一边摸着帅帅的头，一边对爸爸妈妈说："你们教育得真好，帅帅既懂事又孝顺。"

"我是跟爸爸妈妈学的！"帅帅大声回答。

都说父母是孩子的第一任老师，也是最好的老师。的确如此，在家庭这所学校中，父母的一言一行都给孩子起着示范、表率作用，正所谓有什么样的父母就有什么样的孩子，因此，父母应该以身作则，从小教育孩子要尊重老人、孝敬长辈。

俗话说："百善孝为先。"要将孩子培养成一个善良、有爱的人，首先要让他明白孝顺长辈的道理。然而，对于3—7岁的孩子来说，最好的教育不是"言传"，而是"身教"，因为对孩子来说，他们最好的学习方式就是模仿。所以，父母应以身作则，在家孝敬长辈，在外尊重老人，为孩子树立一个良好的榜样。

家庭是一个大课堂，爸爸妈妈怎样对待自己的父母孩子都会一一看在眼里、记在心里，将来也会这样对待自己的父母。所以，要想将孩子培养成一个有孝心、有爱心的人，爸爸妈妈就应该从自己做起，从小事入手，孝敬双方的父母，让孩子在模仿的过程中学会"孝顺"二字。

 将感恩教育融入点滴生活之中

周末,湃湃跟爸爸妈妈到乡下去看望爷爷奶奶,爷爷奶奶准备了很多好吃的招待他们。开饭时,湃湃迫不及待地想要开吃,爸爸在桌子底下偷偷拉拉他的衣角,轻声对他说:"爷爷奶奶为了咱们忙了一天啦,你该对爷爷奶奶说些什么?"

湃湃立刻醒悟过来,他拿起一个盘子,夹了一些好吃的菜,走到爷爷奶奶面前,说:"爷爷奶奶,你们辛苦啦!谢谢你们为我们做那么多好吃的,这些好吃的你们先吃。"爷爷奶奶笑得嘴都合不拢了,直说:"真是乖孙子!"

第二天,爸爸妈妈本来打算回去的,但因为奶奶不小心感冒了,所以决定多留一天。爸爸对湃湃说:"我们多留一天照顾奶奶,好不好?"

"好!"湃湃回答,"但我能为奶奶做些什么呢?"

爸爸想了想,说:"做你能做的事,可以让奶奶开心的事。"

于是,湃湃一整天都待在奶奶的房间里,陪着奶奶。他唱歌给奶奶听,跳舞给奶奶看,还学着妈妈的样子给奶奶讲故事,逗得奶奶一直开心地笑。奶奶说:"就算不吃药,病也好了一大半了。"

第三天早上,爸爸妈妈要回去上班,湃湃要回去上幼儿园,所以不得

不离开。临走的时候,湃湃大声对奶奶说:"奶奶,您一定要快点好起来,这个周末我还和爸爸妈妈回来看望你们。"他还不忘记嘱咐爷爷:"把奶奶照顾好。"爷爷笑着回答:"保证完成任务。"

作为家长,我们不应该放过每一个可以教育孩子感恩的机会。好朋友不开心了,我们要教育孩子主动关心他们,哄他们开心;爷爷奶奶生病了,我们要教育孩子给爷爷奶奶端一杯热水、洗一个苹果,让爷爷奶奶的病早点好起来;下班回到家,我们也可以让孩子为自己递一下拖鞋或者拿一下包……通过这些小事,我们向孩子传达这样一个讯息:学会关心和爱护他人,就是对他人关心和照顾的最好回报,就是最好的感恩。

和任何一个好习惯的养成一样,感恩习惯的养成也不是一朝一夕的事,需要潜移默化,渗透到生活中的每一个细节。做一个有心的父母,利用一切机会,让孩子学会感恩,学会关心、爱护他人。只有学好了"感恩"这一门必修课,孩子才能真正成为一个善良、仁爱的人。

 将他人的善意和帮助放在心里

舟舟的家里，有一个特殊的小本子。翻开这个小本子，虽然里面记录的都是一件件微不足道的事，但却让人感到了浓浓的爱意和温暖。

"10月28日：昨天晚上受了凉，早上上班时头疼得厉害，办公室的小厉看见后默默地为我冲了一杯热咖啡，还悄悄将原本应该我做的资料整理工作做完，放在我桌上。这让我感到了一股暖流。"这是妈妈记录的一件事。

"12月3日：今天领导安排我去采访一位农村干部，那个村子太偏僻了，不通车。采访车开到一半，就过不去了，我们只好下来走。幸好一位老大爷给我们带路，带着我们安全到达了村子。我们要给他报酬，他说什么也不肯要，这让我们深深感受到了人性的善良。"这是爸爸记录的亲身经历。

还有舟舟口述、爸爸妈妈记录的一些小事："11月12日：妈妈花了一个月的时间，每天在灯下给我织毛衣，今天终于穿上了。毛衣太漂亮了，小朋友们都很羡慕我有这么一个好妈妈，连老师都夸我妈妈手巧。我为有这样一个妈妈感到自豪！"

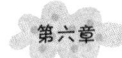

"12月24日：圣诞夜，我和妈妈到肯德基去吃晚饭，点了一份儿童套餐，因为有喜羊羊和灰太狼玩偶送。可是我们去得太晚了，玩偶都已经送完了。我很伤心，忍不住掉眼泪了。这时，旁边一个大哥哥把他的玩偶送给我，说他已经长大了，不需要玩偶了。我好开心，也很感激那个大哥哥。我以后也要像他一样，将温暖传递给别人。"

这一点一滴的小事，既记录了别人对舟舟一家的帮助，也记录了他们的感激之情。在这种家庭氛围中长大的舟舟自然会越来越懂事，越来越善良。

舟舟的爸爸妈妈是有心人，他们将别人的帮助、善意一点一滴记录了下来，在记录的过程中，孩子自然就慢慢学会了感恩，学会了回报。

或许大部分家庭不会想到这一方法，但是将他人的善心和帮助记录在心中，也一样能帮助孩子学会感恩。这些事、这些人都是孩子的榜样，孩子将其记在心中，会时时刻刻督促自己向他们学习。这也是一种"身教"，而且更加具有说服力。

将帮助和关怀延续下去，惠及更多的人，这是感恩最好的方式，也是最终的目的。这是人世间的一种大爱，孩子们在这种大爱中可以感受到来自他人的关怀和温暖。我们家长一定要让孩子们知道：哪怕是举手之劳，哪怕是素不相识的人，只要给予了我们帮助和关心，都要向他们说一声"谢谢"，并且今后努力成为这样的人，关心和帮助别人。当然，最好是将他人的善意和帮助放在心里，而不仅仅写在本子上。

 避免关爱泛滥,教孩子替他人着想

登登生病了,吵着嚷着要吃草莓。这大冬天的,到哪里去买草莓呢?可登登才不管,一定要吃到草莓,否则的话就不肯吃药。

没办法,爸爸骑上电动车,大街小巷地转悠去找草莓,终于在一家进口水果超市买到了草莓。可当爸爸骑车往回赶的时候,电动车竟然没电了。爸爸只好将电动车推到路旁,然后步行回家。

爸爸心里惦记着登登,在路上连走带跑,回到家时已经出了一身汗。登登看到草莓,立即欢呼起来,也终于肯吃药了。

爸爸把草莓洗好,端到登登面前,登登抓起一个就扔进嘴里:"哇!真甜!真好吃。"

妈妈看爸爸满头汗水,顺手从盘子里拿起一个草莓,塞进爸爸的嘴里:"你也吃一个,辛苦一晚上了。"

爸爸还没来得及说"我不吃",登登就突然大声嚷起来:"是我的草莓!谁也不许吃!"说着将草莓连盘子从爸爸手中抢了过来,藏在身后。妈妈很生气,对登登说:"爸爸为了给你买草莓,跑了那么远的路,吃一个你都不肯……"

"我生病了,所以才要吃草莓;爸爸又没生病,他干吗要吃草莓嘛!"登登理直气壮地回答说。

这样的情景,想必有些父母并不陌生。被娇惯坏了的孩子总认为父母为他做的一切都是理所当然,而自己却丝毫不懂感恩、不知回报。这就是孩子性格中最大的"魔鬼"——自私。

自私的孩子并不少见,尤其是在现代社会的"小公主"和"小王子"中,很多孩子都存在着这样的问题。孩子缺乏爱心、不懂感恩,并不是孩子一个人的过错,可以说"罪魁祸首"其实是我们的家长——因为太过溺爱孩子,只知道一味地付出,让爱泛滥,最终才使孩子养成自私自利、唯我独尊的坏毛病。

宠爱过度、迁就过度都会让孩子因为只关心自己的需求而忽略他人的感受。这样性格的孩子长大后走上社会是很难得到别人的认可和喜爱的。因此，作为父母，应该收起自己泛滥的爱，不能再对孩子无度地宠爱和迁就。要让孩子明白并体谅父母的付出与辛劳，要懂得感恩，替父母着想，关心父母。这样，孩子长大后，才能抛弃自私，关心他人，真诚地为他人着想。

适当地让孩子参与家务劳动是培养孩子孝心最简单有效的途径。不要让孩子认为做家务就是父母的责任，告诉孩子他也是家庭中的一分子，应该主动帮家长分担力所能及的家务事。这样，孩子在做家务的过程中不但能体会父母的辛劳，从而更加关爱、体贴父母，同时还能体会到劳动的乐趣与自豪，可谓一举两得。

第六章

 让孩子在关爱家人中体会感恩

七岁的嘉成是一年级的小学生,也是大家口中的"小暖男"。

嘉成特别会关心人:同桌过生日,他预先订了一个书本形状的小蛋糕,还亲自用果酱写上"学习进步"四个字,同桌收到后直呼这是他收到的最特别的生日礼物;老师讲课的时候嗓子有些哑了,嘉成第二天就从家里带来一瓶蜂蜜柚子茶,悄悄地放在讲台上;一位同学腿脚不方便,嘉成主动要求跟他一组打扫卫生,并尽量自己多做一些,那位同学的家长深受感动,还专门买了礼物上门向嘉成表示感谢。

临走的时候,这位家长悄悄问嘉成妈妈:"你们是怎么把孩子培养得这么优秀的,有没有什么秘诀?"

妈妈想了想,笑着回答:"如果说有什么秘诀的话,那就是从小让孩子知道爸爸妈妈也是需要关心和爱护的。"

的确,嘉成很小的时候,爸爸妈妈就告诉他:家里每个人都是平等的,需要相互关心和爱护,爸爸妈妈很爱你,愿意为你做一切。但是同样,你也必须关爱父母,为父母做力所能及的事情。比如:妈妈生病了,爸爸会嘱咐嘉成为妈妈送上一杯热水;爸爸下班回来,妈妈会告诉嘉成为

爸爸拿包、拿拖鞋；去看望爷爷奶奶，爸爸妈妈会带上嘉成一起为爷爷奶奶挑选礼物……就这样，嘉成在享受父母关爱的同时，也学会了关心爱护他人。感恩这粒种子就悄悄在嘉成幼小的心灵中生根发芽了。

现代社会一些孩子不懂感恩，是因为他们总觉得父母为他们的付出是理所当然的，因此心安理得地享受着父母为他们所做的一切。这样的孩子步入社会后，也会习惯性地将别人的付出当作理所当然，心安理得地享受，而不会想到去关心别人、为他人付出。所以，孩子的感恩之心要从小培养，而父母就是他们应该感恩回报的最好对象。

嘉成的父母在这方面为我们家长做了一个很好的典范：不要让孩子觉得自己是家庭的重心，不能让孩子觉得自己拥有特权，而是告诉孩子，家庭中的每一位成员都是平等的，都应该互相关心、爱护。比如，在给孩子夹菜的时候，不要忘记给老人或爱人也夹上一筷子；在工作疲惫或生病的时候，让孩子做一些力所能及的事情，让他们知道爸爸妈妈有时也需要被照顾；在带孩子购物的时候，除了给孩子买东西，也要有意识地让孩子为其他家人挑选礼物，等等。这一切都是在潜移默化地告诉孩子：爸爸妈妈也有享受的权利，而孩子也有为这个家庭服务的义务。

当然，无论孩子为家人或家庭做了什么，爸爸妈妈都不要忘记真诚地向孩子说一声"谢谢"，这会让孩子在付出的同时，感受到收获的喜悦——收获他人的感谢和真诚。当孩子意识到关心、帮助别人可以带来心灵上的愉悦时，就会对别人的付出心怀感恩，同时将这种感恩延续下去，尽自己的力量去帮助更多需要帮助的人。

第七章

放手去爱,孩子性格才会更独立和坚强

> 儿童性格
> 心理学

 **遇到难题,让孩子试着自己解决**

妞妞是哭着从幼儿园回到家的。奶奶说,放学的时候,妞妞还在画画,不料飞飞从她身边跑过,不小心撞了她的胳膊,把她的画弄花了。

这幅画可是妞妞花了不少工夫和心思,打算交给老师参加绘画比赛的,可现在被飞飞撞得从花朵那里拉了长长的一道线,擦又擦不掉,难怪妞妞一直伤心地哭。

妈妈听完奶奶的话,想了一会儿,走过去对妞妞说:"妞妞,画已经这样了,哭能解决问题吗?"

妞妞摇摇头,可是还是止不住眼泪。

"既然哭解决不了问题,那么怎样才能解决问题呢?想想看,妈妈以前是怎么跟你说的?"

"有问题,要动脑筋去想办法。"妞妞低低地说,"可是,妈妈,我想不出办法。"

"没有想不出的办法,只要你擦干眼泪,努力地去想。"妈妈说完,走开了。

妈妈在厨房里一边做饭,一边偷偷看妞妞。只见妞妞呆呆地看着手中的画，看了好长时间。看着妞妞无助的样子，妈妈很想走出去，对妞妞说："妈妈来帮你吧。"可是她想了想，最终还是没出去。

只见妞妞突然跑到书柜旁，拿出一些图画书翻看起来。过了一会儿，她举着自己的画跑过来对妈妈说："妈妈，我想到办法了！你看，这条线画得弯弯的，我可以画成彩虹桥，然后再画一个精灵从花朵里走出来，走上彩虹桥！"

"妞妞真棒！你想的这个创意肯定没有人画过，所以妈妈相信你一定会成功。"妈妈抱住妞妞，用力地亲了亲她的小脸蛋，由衷地赞赏道。

孩子在一生中会遇到各种各样的问题，培养孩子独立面对困难、想办法解决问题的能力很重要。因为总有一天，他们会离我们而去，独自面对生活和工作中各种各样的问题。

孩子小的时候，一遇到问题就会第一时间跑过来寻求父母的帮助，假如你二话不说，大包大揽地帮他们解决，会使他们养成懒惰、依赖别人的习惯。依赖性一旦养成，和很多坏习惯一样，是很难改掉的。以后他们无论遇到什么问题，都会想让父母帮助他们解决，而不是自己开动脑筋，想办法去解决问题。所以，有时候不妨狠狠心，把孩子推开，让他们自己面对困难，自己想办法寻找解决的方案。

当然，把孩子推开并不是说对孩子不闻不问，恰到好处的鼓励和适时的指导是必需的。爸爸妈妈的鼓励会给孩子信心与勇气，而恰当的指导与帮助可以让孩子少走弯路，从而提高孩子解决问题的效率和能力。我们鼓励孩子遇到难题自己解决，只是为了给他们心理上"断奶"，培养他们独立自主的精神和独自面对困难的勇气。要知道，终有一天，他要独自面对这世上的难题，那时候没有父母可以依靠，他能依靠的只有自己。那么，这个过程越早开始，对孩子就越有益。

 ## 自己的事情自己做,自己的责任自己担

冉冉从乡下回来,手里拎了个笼子,里面有一只蟋蟀正欢快地唱着歌。妈妈皱着眉头说:"我和你爸爸工作那么忙,照顾你都照顾不过来,哪儿还有精力照顾它呀?"

"不要你和爸爸照顾,这个工作就交给我啦!"冉冉拍着胸脯保证。

于是妈妈和冉冉约法三章:每天给蟋蟀喂食、喂水、打扫卫生,这些都由冉冉来做,爸爸妈妈绝不插手。

刚开始的几天,冉冉对自己的任务很上心,每天按时给蟋蟀喂食、喂水、打扫卫生。可是没过几天,他就有些不耐烦了,有时候玩得正高兴,妈妈对他说:"蟋蟀饿了!"他就喊道:"等一下再喂。"可是玩着玩着就忘记了。

有一次,冉冉自己也记不得几天没给蟋蟀喂食了,等到他想起来,跑到阳台上一看,傻眼了:蟋蟀不见了,只剩下一个空空的笼子。

"妈妈,我的蟋蟀呢?"冉冉大声喊。

"我不知道。"妈妈回答。

"蟋蟀不见了。"冉冉急得哭起来,"它到底跑哪里去了呢?"

"我问你,你几天没喂蟋蟀了?"妈妈严肃地问冉冉。

"两天?哦,不,三天?我也记不得了。"冉冉低声回答。

"那么多天没吃东西,蟋蟀肯定是饿得受不了,所以溜走了。他心里肯定在想:'这个小主人太不负责任了,我要是不走的话,肯定得饿死。'"冉冉听了,羞愧地哭着说:"妈妈,我想要蟋蟀回来。"妈妈语重心长地对冉冉说:"你既然收养了蟋蟀,就应该承担起照顾它的责任,这个工作没有任何人能替你做,你要为自己的事情负责。你明白吗?"

"我明白了。"冉冉拼命点头。

第二天一早,冉冉听到蟋蟀在阳台上欢快地唱歌,立刻冲到阳台上,开心地大叫:"妈妈,蟋蟀回来了!以后我一定做个负责任的人!"

培养孩子的责任感对培养孩子的独立性格至关重要,一个对自己的事都无法负责的人,怎么可能会拥有独立自主的性格呢?

孩子自己的事情,要让他自己去做,引导孩子养成这样的好习惯是培养他们责任心和独立性格的重要途径。父母应该让孩子从小事做起,如整理自己的玩具,收拾自己的房间,自己穿衣、洗漱,等等,教会他为自己负责,从而逐步培养他独立自主的能力。

随着孩子年龄的增大,父母可以让孩子做一些力所能及的家务事,如帮助爸爸妈妈摆摆碗筷、每天倒倒垃圾等,培养孩子对家庭的责任感。要让孩子知道,自己是家庭的一分子,就要为家庭出一份力,为家庭负一份责任。对于孩子的付出,家长一方面要让孩子感觉这是自己应尽的责任,另一方面也要及时给予孩子表扬与鼓励,这样才能激励孩子更加积极主动地承担起对家庭的责任。

总之,一个具有责任感的孩子长大后才会对自己、对家庭、对社会负责,才能成为一个有担当、有主见、独立、自强的人。

 ## 不剥夺孩子的"第一次"尝试机会

9月1号,彬彬要上幼儿园了。彬彬的妈妈两个星期前就开始紧张不安,甚至有些焦躁。每一天,都有各种各样的问题困扰着她:"彬彬要上幼儿园了,要是幼儿园的饭菜不合他的口味,孩子饿着了怎么办?彬彬脾气那么温和,要是被其他小朋友欺负怎么办?幼儿园里那么多老师,要是彬彬恰巧碰上一个不好的老师怎么办?"

诸如此类的问题一直在妈妈的脑海里盘旋,越临近开学,妈妈越紧张不安。她总是假设各种彬彬有可能会在幼儿园里遇到的情境,然后惴惴不安,怕孩子无法应对,更怕孩子受欺负。最后,爸爸忍无可忍地对她说:"孩子去上幼儿园,又不是去上寄宿学校,更不是远渡重洋到美国去,每天下午不都回来吗?你那么神经兮兮的干吗?"

"孩子这不是第一次离开家嘛!我当然会不舍得,当然会担心啊!"妈妈委屈地说。

"你这样的心态可不对。孩子一天天长大,总有一天要独自面对生活,作为父母,我们不可能每时每刻都跟着他。与其像这样放不开手,你不如多教教孩子如何一个人面对幼儿园的新生活。"爸爸耐心地开解妈

妈,"再说,孩子一生中要遇到多少第一次啊,终归要去面对的。如果每个第一次你都这样担心这个、担心那个,你的情绪就会影响到孩子,让孩子对未来也产生畏惧心理,那么孩子又怎么能走得更远呢?"

听了爸爸的话,妈妈羞愧地说:"看来,我得先让自己坚强起来。"

正如彬彬爸爸所说:人的一生中会面临无数个第一次,孩子总要学着独自去面对。父母不可能一辈子跟着孩子,晚放手不如早放手,这样才能让孩子更快、更好地适应环境、适应社会。

孩子从呱呱落地开始,每一天都可能会遇到生命中的第一次:第一次自己吃饭、第一次自己刷牙、第一次自己洗脸、第一次自己穿衣服……这些生命中的第一次,对于孩子来说,都是珍贵的锻炼机会。因此,我们应该尽早让孩子学会自己的事情自己做,这样才能促进孩子的成长。而事实上,我们很多父母,对孩子过于溺爱,舍不得让孩子自己动手,一手包办孩子的大小事务,剥夺了孩子动手体验的机会。在父母的大包大揽下,孩子们既体会不到成功的喜悦,也无从总结失败的经验,从而失去了宝贵的成长机会。

不可否认,爱子心切的父母们,在孩子走出人生的每个第一步时,心都是悬着的。但是,人的一生中,每个第一次都应该让孩子亲自去尝试,父母只能承担指导者的角色,在一旁默默守候,静静等待。第一次离开父母走进幼儿园,第一次与小朋友争吵又和好,第一次拎着篮子和妈妈去买菜,第一次远离家参加夏令营……这无数个第一次,都丰盈着孩子的生命历程,见证着他们的成长。我们只有学会放手,孩子才能真正独立、真正长大。

 孩子之间的矛盾，大人不要随意插手

雨霏闷闷不乐地回到家，坐在沙发上，一声不吭。

"怎么了，宝贝？"妈妈问。

"嘉嘉要抢我的漫画书，我还没看完呢，不给他，他就跟我吵架，还说以后再也不跟我玩了。"

"那你打算怎么办呢？"妈妈问。

"我也不跟他玩。"雨霏生气地说，"他抢我的东西，不是好孩子。"

妈妈笑了笑，没有再就这个问题深入下去，只是叫雨霏洗手吃饭。

第二天，雨霏从幼儿园回来，很兴奋地对妈妈说："明天嘉嘉过生日，邀请我到他家去玩。我想给他买一个生日礼物，可以吗，妈妈？"

妈妈故意逗她："你不是说嘉嘉不是好孩子，以后不跟他玩了吗？"

雨霏愣了一下，扭捏着说："我原谅他啦！"

"为什么你会原谅他呢？"妈妈又问。

"因为……因为他邀请我参加生日聚会，他就是我的好朋友。"雨霏想了一下，回答。然后又补充道："不过，我会跟他说，抢小朋友的东西是不好的行为，他应该改正。否则以后别的小朋友也不跟他玩，他就没有朋

友啦!"

"宝贝,我觉得你做得很对。"妈妈开心地说。听到妈妈的表扬,雨霏很高兴,她想了想,又对妈妈说:"不过我要是告诉他等我看完再给他看,说不定他就不会抢了,所以我也有不对的地方。"

妈妈更开心了,亲亲雨霏的额头,说:"宝贝,你越来越棒了,还能够分析问题了。走,妈妈带你挑选礼物去。"

无论是幼儿园、学校还是班级,只要有孩子的地方就会有吵吵闹闹,就会有数不清的小矛盾。一会儿是你抢了我的玩具,一会儿是他和她吵架,一会儿又是他打了我一下。假如爸爸妈妈总是做"消防员",忙着调解孩子之间的矛盾,那么一天到晚都有忙不完的事情。其实孩子之间的事情让孩子自己解决,这就是最好的方法。

有人群的地方就会有矛盾、分歧和争端,孩子与孩子之间的问题最是不可避免。但很多时候,孩子之间的纠纷只是一些鸡毛蒜皮的事,父母不妨把决定权交给孩子,让他们学会处理的方法。孩子们的群体就是一个小社会,放手让孩子去解决问题,实际上也是在锻炼孩子的人际交往能力。正是在不断的争吵、打闹与和好的过程中,孩子们学会了观察、分析以及处理问题的办法,而孩子们独立自主的性格也正是在这样锻炼的过程中逐步形成、发展的。

所以,孩子们之间的小矛盾,做家长的不要急于插手。可以教孩子一些人际交往的基本技能,如谦让、宽容、勇敢承担责任、尽力帮助他人等,当遇到具体问题时,则可以鼓励孩子运用智慧、开动脑筋,用自己的力量来解决。

 吃一堑长一智，没有教训就没有成长

多多嘟着小嘴进门，一脸不高兴的样子。

"怎么了，多多？"妈妈问。

"我以后再也不跟倩倩玩了。"多多大声宣布，"她是个骗子！"

"哦，为什么这么说？"妈妈奇怪地问。

"上个星期我带了奥特曼玩偶到幼儿园去，她说要用巴啦啦小魔仙的魔法棒跟我换，不过魔法棒她放在家里了，要第二天才能带给我。我同意了，先把奥特曼给了她，但是她一直都没有把魔法棒带给我。"多多生气地说，"今天我带了彩虹笔，倩倩又问我要，还说如果我不给她的话，魔法棒就没有魔法了。"

"那你给她了？"妈妈问。

"我没办法，"多多无奈地说，"要不然魔法棒没魔法了，我要来还有什么用？不过，我怕她还是不肯带给我。"

"那你当时为什么要跟她换呢？"妈妈想知道理由。

"她说她的魔法棒可以变出很多很多的东西，无论我想要什么，都可以变出来。"多多眨着大眼睛，看起来他还是很想得到那根魔法棒。

"既然这样,那倩倩为什么不自己用魔法棒变一个奥特曼玩偶呢?"

听到妈妈这么一问,多多愣住了。他摸摸小脑袋:咦,自己怎么没想到这个问题呢?

"倩倩是狐狸!"多多突然大声说。

妈妈一愣:"什么意思?"

"狐狸骗乌鸦的肉吃。"多多补充道。

妈妈笑了,原来孩子想到了《乌鸦和狐狸》的故事。

"那你就是那只上当受骗的乌鸦咯?"妈妈故意逗多多。

"我已经做过一次乌鸦啦,再也不会做乌鸦啦!明天我就去问她把奥特曼和彩虹笔要回来。"多多一边说一边开心地跑开了。

多多遇到的这种情况,如果用"适时让孩子独立面对社会的残酷"来解释似乎有些夸张,但事实的确如此。今天孩子们遇到的或许只是小朋友之间吵吵闹闹的小矛盾,但明天,他们也许就会遇到成人社会中恶意的欺骗和陷阱。既然没有办法保护孩子一生一世,那么不如及早让孩子面对人生,让他们学会独立解决问题的办法。

孩子被人欺骗怎么办?孩子被人欺负怎么办?孩子与好朋友吵架怎么办?一切的问题,都要让孩子直面现实,父母可以做指导者,但不能做执行者,不能代替孩子解决问题。归根结底,要让孩子自己出面解决一切。家长也不要担心孩子吃亏,吃点亏并不是坏事,就像《乌鸦与狐狸》中的乌鸦,吃一堑长一智,总不会每一次都上狐狸的当。孩子在失败和挫折中所得到的经验往往比大人们直接告诉他要深刻得多。再说,人生一世,谁能不吃点亏,不受点挫折呢?只要善于总结、善于学习,孩子就能成长,就能拥有独自面对困难、独立解决问题的勇气和智慧。

 ## 分离期，允许孩子适当释放坏情绪

"妈妈，豆豆走了，我再也见不到豆豆了。怎么办？"

谦谦一边哭一边对妈妈说。豆豆是谦谦在幼儿园最好的朋友，两人从小班就一直坐在一起，两年多来，从上学到放学，几乎形影不离。可是由于豆豆的爸爸妈妈工作调动，全家搬到另一个城市去了。谦谦这些天很难过，一想起豆豆就忍不住哭。

妈妈轻轻地抱抱谦谦，说："妈妈知道豆豆是你的好朋友，他离开了，你很难过。但是除了豆豆，幼儿园还有很多小朋友啊，你也一样可以跟他们成为好朋友。"

"可是我只想豆豆做我的好朋友。"谦谦依旧很难过。

"谦谦，你听妈妈说，"妈妈将谦谦抱起来，耐心地对他说，"每个人在每个阶段都会有好朋友，豆豆走了，你可以试着和其他小朋友交往，你会重新找到好朋友。上了小学，你到了一个新学校，会认识很多以前没见过的同学，你也可以试着和他们交往，然后找到自己的好朋友。等你像爸爸妈妈一样长大了、工作了，又会认识一些新的人，你又会和其中的一些人成为好朋友。就这样，好朋友会慢慢地变多，而不是只有一个。你想想，在没上

幼儿园之前,你是不是跟隔壁的洋洋哥哥关系最好?"

谦谦点点头,妈妈又说:"再说豆豆走了,你们也可以继续做好朋友。你可以给豆豆打电话,也可以请豆豆,到我们家玩;等爸爸妈妈有空了,也带你去看豆豆,好不好?"

"好。"谦谦点点头。妈妈轻轻地为谦谦擦去眼泪:"现在,我们到楼下去找小朋友们一起玩,好不好?你听,楼下那么多小朋友,多热闹啊!"

谦谦没说话,但他用小手轻轻地拉住了妈妈的手。

有的孩子跟小朋友玩一会儿之后,分开的时候就大哭;还有的孩子因为搬家等原因和好朋友们分开,好长一段时间都闷闷不乐。这些情况在心理学上被称为"分离焦虑症"。

其实,人的一生要面临很多次分离:小的时候,第一次离开爸爸妈妈去上幼儿园;长大了,离开家乡独自一人到外地工作;亲人或好友病故离世，等等，这些都是一生中不可避免的离别。一个人，只要还没有学会面对分离，就不能说他已经长大了。所以，我们要帮助孩子化解分离焦虑症，教育孩子如何正确面对分离，从而帮助孩子更快、更好地成长。

分离，对于孩子来说，其实就是人生中的一种挫折，而这种挫折教育可以让孩子学会面对环境的变化、培养独立自主的性格，进而提高孩子的心理承受能力。这对孩子的成长是很有裨益的。

谦谦的妈妈做得很好，她首先允许孩子适当地释放心中的难过与无措，然后再告诉孩子：分离，是人生中不可避免的，每个人都要经历。但是分离带给我们的并不是只有难过，我们在今后的时间里还可以认识更多的人，结交更多的新朋友；当然，老朋友也是可以保持联系的，尤其是现代社会，无论相隔多远，一个电话、一条信息就能得知彼此最近的消息。所以，在这个时候，家长应该努力为孩子创造条件，带着孩子多出去走走，一面重拾心情，一面让他结识新朋友。慢慢地，孩子就会从分离的焦虑和悲伤中走出来，性格也会变得更加开朗、独立。

第八章

优秀社交力和好人缘,彰显孩子恭谦有礼好性格

找准榜样，让孩子懂得文明礼让

游乐场里，四岁的嫒嫒和一个差不多大的小男孩分别从一根平衡木的两端相对而行，走到中间时，两个孩子面对面相遇了。

两个孩子僵持着，谁也不肯让谁先过。

终于，急性子的嫒嫒忍不住了，伸手推了小男孩一下。小男孩没站稳，从平衡木上摔了下去。虽然平衡木很矮，但小男孩还是大声哭了起来。

嫒嫒的妈妈和小男孩的妈妈同时赶到，嫒嫒妈妈连声道歉，幸好小男孩的家长很有涵养，并没有多说什么，拉着小男孩的手到别处玩了。

"你这孩子，怎么不懂互相谦让呢……"妈妈话还没说完，嫒嫒就跑开了，一边跑一边说："他也没让我啊！"

跑到篮球架边，嫒嫒停住了，一个比嫒嫒大两三岁的小女孩正在投篮。看见嫒嫒盯着自己，小女孩停下来问："小妹妹，你也想投篮吗？"

嫒嫒点点头。小女孩其实并没有玩够，但她想了想，很大方地把篮球递给嫒嫒："那我让你玩好了，我去玩别的。"

小女孩蹦蹦跳跳地走远了，妈妈灵机一动，对嫒嫒说："这个姐姐好吗？"

"好！"嫒嫒大声回答。

"那你愿意和她做朋友吗?"

"当然愿意。"媛媛毫不迟疑地回答。

"为什么呢?"妈妈又问。

媛媛眨着眼睛,回答不上来。妈妈说:"是不是因为小姐姐主动把篮球让给你?其实她还想玩,但是因为你要玩,所以她就让给你了。你觉得小姐姐人很好,对吗?"

媛媛点点头,妈妈继续说:"小姐姐的这种做法叫作'谦让',是一种大家非常喜欢的品德,代表着文明礼貌。我们也应该向小姐姐学习,做一个谦让的孩子,大家就会喜欢你,小朋友们也愿意和你交朋友了。"

"我知道了,妈妈!"媛媛说,"下次我也让小朋友。"

谦让是一种美德,但是对有的孩子来说,做到谦让别人,似乎有点困难。那些被大人呵护有加的"小公主"、"小王子",很容易养成唯我独尊、霸道自私的坏习惯。因此,爸爸妈妈在孩子小的时候就要注意培养孩子谦让的品质,这样孩子长大后才能成为一个人缘好、受欢迎的人。

卡耐基曾经说过:"在人生的道路上假如可以谦让三分,那么天地就会宽阔,一切困难都可以清除,一切纠葛也会烟消云散。"谦让表现出来的克己让人实际就是宽广的胸怀,即便在竞争激烈的现代社会,这样的人也是容易赢得他人的尊重。

所以,家长要尽可能利用一切机会引导孩子谦和礼让:在游戏中引导孩子与小朋友们友好相处,学会谦让;在日常生活中鼓励孩子多替他人着想,学会谦让;用《孔融让梨》等故事教导孩子学会谦让。当然,在让孩子学会文明礼让的同时也要告诉他们:谦让是一种大度、美德,但并不是无原则的忍让和退缩。失去自我和个性的忍让是懦弱,不是宽容。

 分享让孩子更快乐，还能赢得更多

妈妈和娜娜从超市里买了一大堆吃的出来，走在回家的路上，迎面碰到妈妈的同事胡阿姨带着她两岁的小宝宝。

"来来来，正好我和娜娜买了很多好吃的，宝宝喜欢什么，自己挑！"妈妈很大方地打开袋子，让小宝宝挑了几样零食。胡阿姨连声道谢后，带着宝宝离开了。妈妈一回头，看见娜娜一脸不高兴，嘟着嘴站在那里。

"怎么了，娜娜？"

"那是给我买的东西，凭什么给他？"娜娜气呼呼地说。

妈妈愣住了，她想了想，温和地对娜娜说："妈妈向你道歉。妈妈道歉是因为妈妈没有经过你的允许就擅自做主，这是妈妈的不对，但把零食分给小弟弟，妈妈并没有做错。还记得妈妈以前一直跟你说，好孩子要大方、友爱，要懂得和别人分享，才能有更多的人喜欢，才能更快乐吗？"

娜娜撅着嘴没回答，这时，还没走远的胡阿姨突然回头，对妈妈喊道："老家给我寄来了一箱大闸蟹，我们家里人少，吃不完，等会儿给你们送点过去！"

听到"大闸蟹"三个字，娜娜的眼睛一亮：那可是她最喜欢吃的东

西,只可惜太贵了,爸爸妈妈也只是偶尔买给她吃。妈妈看着娜娜,笑着问:"不生气了?"

娜娜不好意思地点了点头。妈妈趁机说道:"你把零食分给小弟弟,阿姨和小弟弟都很开心,然后阿姨又把大闸蟹分给我们,我们也很快乐,对不对?这就是分享的魅力,它能让一个人的快乐变成两个人、一群人的快乐,能让快乐加倍。"

"所以我们要学会分享,这样快乐才会更多!"娜娜欢快地说道。

独占性强、不懂分享是很多独生子女的通病,也是很多父母苦恼的问题:孩子什么都不缺,可就是小气,自己的东西坚决不肯给别人。别小看这点,如果家长不重视,不及时纠正,就很可能会令孩子成为自私自利、以自我为中心的人。这样的孩子长大以后走上社会,正常的社会交往与人际关系都会很难处理。所以,父母要注重培养孩子的分享意识,帮助他们养成乐于分享的习惯,引导他们在分享的过程中收获快乐和满足。

当然,在让孩子与小朋友们分享玩具或零食等好东西时,家长一定要尊重孩子的意愿。所有的分享都需要在孩子自愿的基础上进行,只有发自真心的分享才能让孩子收获友谊,快乐加倍。如果孩子年龄小,无法理解分享的意义和快乐,爸爸妈妈也不要着急,不能强行把孩子的东西分给小朋友,而是要多给孩子一点时间,并且在生活中亲身示范,逐步丰富孩子的情感体验,让他们切身感受分享的快乐和意义。

当孩子大方地将自己的东西与他人分享时,爸爸妈妈不要忘记给孩子一个大大的"赞"!表扬和赞美是强化孩子分享行为和习惯养成的最好的外部刺激,受到表扬和赞美的孩子会进一步优化自身的分享意识和行为,并且逐步将分享内化为自觉自动的优秀品质。

学会换位思考，孩子才更有同理心

甜甜放学回来，带回来一本崭新的图画书。

"哪里来的，甜甜？"妈妈问。

"是小明赔给我的。"甜甜说。

"小明为什么要赔给你图画书？"妈妈奇怪地问。

"昨天课间休息，我趴在桌子上看书，小明从我身边跑过，不小心撞了我一下，把我的图画书撞到地上，书破了一个角。我告诉老师，老师让他向我道歉，可我还要他赔我一本新的图画书！"

妈妈找出那本破了角的图画书："这不是还能看吗？"

"我不要破的，我就是要新的！"甜甜扭过头，倔强地说。

妈妈想了想，没说话，走出了房间。

晚上吃饭的时候，甜甜站起来伸手去拿餐巾纸，不小心碰倒了妈妈的碗，鸡腿掉在了地上。妈妈突然很生气地说："甜甜，你赔我鸡腿。"

"对不起，妈妈。可是我的鸡腿已经吃完了，怎么赔你啊？"

"那就重新买来赔我！"

甜甜委屈地哭起来："妈妈，我不是故意的。"

一旁的爸爸看不下去了,说:"干吗对孩子那么凶,孩子又不是故意的。"

这时,妈妈换了一种语气,温柔地对甜甜说:"昨天小明把你的书撞到地上,也不是故意的,而且书只坏了一个角,不影响看,你却要他给你买一本新的。如果你是小明,你心里会怎么想?妈妈只是为了让你知道,任何人都有犯错的时候,只要不是故意的,我们就应该原谅别人。"

"我知道了,妈妈。"甜甜破涕而笑,说,"我们等下一起去把那本破了角的图画书粘起来,明天我把那本新的图画书还给小明,好吗?"

妈妈微笑着点头说:"会为别人考虑,这才是好孩子。"

换位思考、替他人着想,是一种优秀的品质。它可以帮助孩子摆脱以自我为中心的坏习惯,学会理解他人、宽以待人,和朋友保持亲密的友谊,为孩子长大后建立良好的人际关系打下基础。

无论在家庭、学校还是社会中,父母都应该引导孩子进行换位思考,让孩子学着站在他人的角度想问题,设身处地地为别人着想。很多时候,人与人之间的矛盾就在于思考问题的方式不同,假如能够换位思考,体会对方的感受,那么很多矛盾就会自然消除,问题也就迎刃而解了。

对于3—7岁的孩子来说,他们很难能完全理解和接受那些大道理,因此父母应该学会巧妙地创设情境,让孩子站在对方的角度来体会和思考问题,然后再进行说服教育,效果会好得多。尤其是当孩子之间发生矛盾时,换位思考可以让孩子更好地进行思维上的理解和沟通,进而消除矛盾,增进感情,加深友谊。

现代的孩子生活条件优越,很容易养成不知体谅他人的性格。所以,教育孩子换位思考,让他们切身感受对方的处境,养成为他人着想的美好品质,让孩子拥有良好的教养,是非常有必要的。懂得为他人着想的孩子,毋庸置疑,走到哪里都是讨人喜欢、受人欢迎的。

 **教孩子原谅，重拾友谊和快乐**

"哼，我以后再也不跟东东玩了。"

焕焕一回到家就气呼呼地说。原来，下午在上手工课的时候，焕焕发现自己的小剪刀没带，就问东东借，可是东东没借给他。最后，焕焕手工作业没完成，没得到小红花。

"或许是东东自己要用，不能借给你，或者是他当时在忙着做手工，没听见你讲话吧。"妈妈轻描淡写地说。

"我不管，反正以后我不理他了。"焕焕显然余怒未消。妈妈没说什么，走开了。

吃过晚饭后，妈妈带焕焕到楼下散步，远远地听见运动器材区孩子们的欢笑声，东东和其他孩子正玩得开心。妈妈偷偷看一眼焕焕，只见焕焕的眼睛中流露出向往的神色，于是便问："你想去跟东东他们玩吗？"

"不去。"焕焕摇摇头。可是他的眼睛仍不由自主地看向那一边。

"焕焕，你听妈妈说。"妈妈弯下身子，温和地说，"今天东东没把剪刀借给你，所以你生气了，不想再和他做朋友了，其实是你错了。"

焕焕没说话，却疑惑地看着妈妈。妈妈继续说："首先，老师说过手工工具每天都要带，但你今天忘记了，这是你自己的责任；其次，你因为东东没借剪刀给你而生气，是你自己太小气，而且把自己的过错推到东东身上，这也是你不对；最后，东东没借剪刀给你可能有其他原因，你却不原谅他，你不体谅朋友，是不是也是错了？你因为自己的过错而失去了一个好朋友，最后弄得自己很不开心，是不是大错特错？"

焕焕听完妈妈的话，低下了头。这时，东东发现了焕焕，跑过来拉起焕焕的手："走吧，焕焕，咱们一起去玩！"焕焕抬头看看妈妈，妈妈微笑着用眼神鼓励他，焕焕也笑了，跟东东手牵着手开心地跑开了。

孩子们在交往的过程中常常会有一些小矛盾、小摩擦，这都很正常，大人们不必过于紧张。但是出现矛盾后该怎么办？这却是家长们要告诉孩子的。我们常常对孩子说：冒犯别人要道歉，但是学会说"没关系"有时比说"对不起"更加重要。

当孩子与其他小朋友发生矛盾时，家长除了给予适当的安慰外，还要帮助孩子分析原因：如果是自己不对，要勇于承认错误；如果是他人的错误，要学会原谅他人。这对于年幼的孩子来说并不是一件简单的事情，但假如有大人的耐心引导和教育，相信孩子一定能够学会宽以待人、妥善处理。

宽容是一种美德，是一种宽广的胸怀和气度，它可以促进孩子间的友谊，也可以培养孩子的合作能力与社会适应能力，对孩子长大后的社会交往有很重要的影响。所以，对孩子说："得饶人处且饶人。"只要是无心的过错和伤害，我们都要学会原谅他人。原谅别人的同时，实际上也是宽容自己，让自己从伤心、失望和愤怒中走出来，重拾友谊，重获快乐。

道歉很重要，真诚地道歉更重要

路路一脸怒气地从门外冲进来，坐在沙发上，一言不发。妈妈看了看他，问："怎么了？跟小朋友吵架了？"

"有什么了不起的，不玩就不玩！"路路赌气似的大声说。

"发生什么事了？跟妈妈说说。"妈妈跟路路一直都像好朋友一样，所以路路想了想，还是告诉了妈妈："我打了迪迪。"

"为什么？"妈妈吃了一惊。

"他非说我吹牛。明明这个陀螺就是我暑假里参加幼儿演讲比赛得来的奖品，但他跟其他小朋友说我吹牛，说是我爸爸给我买的。因为他有一个一模一样的，是他爸爸给他买的。"

"所以你就打人了？"

"谁叫他乱说！"路路不服气地说。

"那你打了他之后，迪迪和其他小朋友相信你的话了吗？"妈妈问。

"没有。"路路的声音低下去，"其他小朋友说我是生气了才打人的。"

"小朋友说得对。真正的强者要用行动证明自己，而不是用拳头征服别人。嘴巴长在别人的身上，别人怎么说那是他的事情，他只是说出了自己内心的想法而已。但你打人就是你的不对,在外人看来,你是因为迪迪揭穿了你才动手打人的,所以你才是胆小鬼、吹牛大王。"

"那我该怎么做?"

"去跟迪迪道歉,男子汉要能屈能伸,做错了事就要勇敢地承认,然后把你获奖的证书给小伙伴们看,用事实说话。这才是真正的强者,才能让别人心服口服。"

路路想了好一会儿,终于下定决心地说:"好,我去!我要做真正的强者!"

在家庭教育中,教会孩子面对错误、认识错误并勇敢地承认错误,是家长不可忽视的一门必修课。

3—7岁的孩子由于年龄小,是非观念薄弱,做错事以后,往往没有明确的意识,不知道自己错了,也不知道错在哪里。因此,孩子犯错时,大人不能马上发怒、斥责孩子,而应试着理解当时孩子的心情以及他们做错事时的动机。当孩子感受到你的同理心之后,对接下来的教育就不会有那么强的抵触心理,你的教育才能顺利进行。要知道,有时候孩子不肯认错,就是因为大人的态度让他们害怕、恐惧,以为自己一旦承认了错误就会让父母失望,受到严酷的惩罚,所以才倔强着不肯承认、不肯道歉的。

不要强迫孩子说"对不起",因为他们有着和大人一样强的自尊心。即便他真的觉得抱歉,有时也不愿意开口说那三个字,因为在他们看来,说了"对不起"就等于承认了自己是做了错事的坏孩子。所以,要让孩子明白,知错就改是一种好的品德,勇于认错更是勇敢者的行为。因此,当孩子为自己所犯的错误诚恳道歉后,家长最好能给予他们肯定和鼓励,以强化孩子的这一正面行为。

总之,让孩子学会道歉,要建立在大人对他们的关心、理解和尊重的基础之上,不要发怒,更不要强迫,用耐心去等待他、用爱心去呼唤他,让他真正从内心意识到自己的错误,并且自愿真诚地说出那三个字——对不起。

第九章

用爱制止和引导，带孩子远离坏性格

 潜移默化地引导孩子甩掉"小霸王"称号

丹丹是个漂亮的小女孩,可是除了丹丹的家人,小朋友们都不愿意跟她玩,其他的大人也都不怎么喜欢她,这是为什么呢?我们来看几个场景就知道了。

在小区里,很多小朋友在运动器材区玩,小朋友们最喜欢玩秋千。大家说好了,每个人玩一会儿就下来,让给别的小朋友玩。可丹丹坐上秋千后,就怎么都不肯下来,后面排队的小朋友眼巴巴地看着她,央求她:"丹丹,下来让我们玩一会儿吧!"可丹丹却偏着头得意地说:"不!我偏不!"

在幼儿园里,小朋友们一起画图画,丹丹发现自己没有红色水彩笔,就从另一个小朋友手中抢过来一支。小朋友跑去告诉老师,老师让丹丹还给小朋友,丹丹头也不抬地说:"等我画完了再给她!"

在家里,客人带着孩子来做客,妈妈拿出玩具给小朋友玩,丹丹却从小朋友手中抢过来,藏在身后,大声说:"这是我的东西,谁也不许碰!"妈妈没办法,打开电视让小客人看,丹丹却跑过去抢遥控器,二话不说把《奥特曼》调到《巴啦啦小魔仙》,大声说:"我喜欢看这个。"妈妈说:"你已经看过很多遍了,让给客人看。"丹丹却说:"看过了我还要看!就是

不让!"最后小朋友哭起来,客人带着孩子匆匆离开,妈妈很尴尬。

现在你知道为什么丹丹无论在哪里都不受欢迎了吧?

丹丹的行为用简单的两个字就可以概括——霸道。

有人说,自私的孩子不一定霸道,但霸道的孩子一定自私。的确如此,霸道是孩子独占欲强的一种表现,他们不愿意同别人分享,而且自己喜欢的就一定要得到,哪怕用抢的方式。他们希望所有的人都以自己为中心,却很少顾虑别人的感受。试问,这样的孩子有谁会喜欢呢?

那么孩子霸道的性格是怎样形成的呢?

其实,这跟孩子所处的环境,尤其是家庭中父母的教育有很大的关系。霸道的孩子一般从小就是家中的"小太阳",是家庭中所有大人的"中心"。大人们对孩子提出的要求总是想法设法地去满足,久而久之,孩子就会认为只要是自己想要的,就一定可以得到。在外面,他们也会这样对待别人,因此就形成了霸道的性格。

所以,要想改变孩子霸道的性格,首先要从父母的教育做起。改变家庭氛围,不再围绕着孩子一个人转;对于孩子的要求合理地满足,而不是无条件地满足;带孩子走入人群,多与其他小朋友接触,鼓励孩子将好吃的、好玩的与小朋友分享,并引导孩子从中体会分享的乐趣;试着和孩子商量讨论和他们有关的事,既鼓励他们说出自己的想法,也教导他们虚心接纳别人的意见。渐渐地,孩子就不会再把自己的想法当作一切事情的衡量标准,从而摆脱"小霸王"的称号。

 孩子任性妄为，分散注意力或冷处理

彦彦聪明活泼，可就是有一点让爸爸妈妈很头疼，那就是任性。

因为家庭条件好，家里的长辈就围着他这一个宝贝转，所以彦彦想要什么，大人都会千方百计地满足他，久而久之，彦彦就养成了任性的坏习惯。

比如，上周末，彦彦回来对爸爸妈妈说，同桌月月有一盒瑞士水果糖，很好吃，叫爸爸妈妈也给他买一盒。爸爸马上就去了超市买回来一盒，不料彦彦一看，说和月月的不一样，不肯要。于是周六、周日两天，爸爸妈妈带着彦彦转遍了附近商场和超市，包括进口食品店，可就是没找到一模一样的水果糖。

"要不，咱们就买这个吧，还有这个，妈妈给你买三盒，好不好？"妈妈跟彦彦商量。

"不要！"彦彦丝毫不给爸爸妈妈商量的余地。

"你这孩子，真不听话！"爸爸又累又生气，板起脸训了彦彦几句，彦彦拿出"撒手锏"——大哭起来。

"好了好了，别哭，妈妈给你想办法。"妈妈赶紧安抚彦彦。

妈妈打电话问老师要来月月家长的电话，十分不好意思地问人家水果

糖是在哪里买的。月月妈妈说是她朋友在瑞士旅游的时候带回来的，或许国内买不到一模一样的。挂了电话，妈妈把情况告诉彦彦，不料彦彦依旧不依不饶，一定要妈妈到瑞士去买水果糖，否则他就不吃饭。妈妈百般无奈，只好再拨通月月妈妈的电话，支支吾吾地问能不能把那盒水果糖送给彦彦。虽然月月妈妈很爽快地答应了，但彦彦妈妈还是听出了对方语气中的诧异。

挂了电话，妈妈叹气着对爸爸说："孩子这么任性，可怎么办？"

"别太着急，这是因为孩子小，不懂事，长大了慢慢就会好的。"爸爸安慰她说。

美国心理学家威廉·科克通过研究得出一个结论：几乎每个孩子身上都或多或少地带有任性的成分。这是因为儿童的思维是以自我为中心的，当他们看到喜欢的东西，就理所当然地想据为己有，就会向父母提出各种要求。但是如果父母对孩子的要求无条件、无原则地满足，孩子会形成任性、霸道、肆意妄为的性格。这种性格还有可能会伴随孩子的一生。

因此，孩子任性，家长千万不要用"长大后就会好的"这样的话来安慰自己。正如其他不良性格和行为一样，任性也是从小慢慢形成的。

当孩子哭闹任性的时候，家长可以尝试用其他事物来转移孩子的注意力，因为孩子年龄越小，专注于一件事物的时间就越短，家长可以用更有趣的事物来分散孩子的注意力。如果这招不奏效，再试着冷处理。可以保持一段时间的沉默，让孩子自己慢慢平静。如果孩子继续胡闹，家长也可以暂时离开，在不远处悄悄观察孩子的举动。通常情况下，当孩子意识到自己的无理取闹并不能换来大人的妥协时，他们就会平静下来，而这时大人再跟他们讲道理，孩子就会比较容易接受。

# 制止和引导，让孩子远离自以为是的泥沼

"楠楠，快来，和我们一起研究模型，我们到现在还没搞清楚它怎么玩！"

妈妈带着楠楠散步，遇到一群孩子聚在一起，正研究喁喁的舅舅从英国带回来的玩具——一个仿真机器人模型。这个玩具对于这群年幼的孩子来说似乎有点难度，大家摆弄了半天还不知道怎么玩。

楠楠慢慢地走过去，只看了一眼，就说："这个玩具这么简单，你们都不会玩？真是太笨了！"

楠楠的话立刻遭到了一些孩子的反击："你会你来啊！说大话谁不会？"

"我来就我来！"楠楠毫不客气地接过机器人模型，可是他左看右看也没看出门道来，于是索性把模型一扔，说："我今天不高兴看了，等我散完步回来再说。"

"你是根本就不会吧？！"有孩子根本就不相信楠楠的话。

"谁说我不会？不就这个按钮按一下吗？"楠楠一边说一边按向机器人屁股后面的一个按钮，喁喁急忙制止他："别按，舅舅说这个按钮是检测机器人部件用的，没出故障不能按，一按机器人就散架了。"

"喊，我家里也有一个机器人，启动按钮就在这里。"楠楠推开喁

喂的手，用力按了下去。只听"滴滴滴"三声尖锐的报警后，机器人"吧嗒"一声打开了，零件也散落下来。

孩子们惊叫起来，喂喂急得哭了出来："楠楠，你把我机器人弄坏了，舅舅说国内都没有维修的地方……"

楠楠也吃了一惊，但他嘴上却依旧不肯服输："谁知道你买的什么破机器人，真差劲！"

"你才差劲！"喂喂大声说，"不懂就不要碰我的机器人！"

"谁稀罕！"楠楠也大声回嘴道。

喂喂生气地拿起机器人："我走了，再也不要跟你玩了，自以为是的家伙！"

喂喂气呼呼地走了，孩子们也都一哄而散，只剩下楠楠孤零零地站在原地。

楠楠根本不知道怎样操作机器人，却不懂装懂，最后不仅自己闹了笑话，还失去了喂喂的友谊。最后孩子们一哄而散，证明大家内心并不认可

甚至十分反感楠楠的行为和态度，用喁喁的话说，就是"自以为是"。

自以为是的孩子一般听不进别人的意见和建议，他们只是固执地认为自己是正确的。即便在束手无策的情况下，他们依然执着于自己可怜的"自尊心"，不肯承认自己的不足。这样的孩子通常会做出狂妄自大、贬低别人、抬高自己的可笑行为，也就是小朋友们所说的"说大话"、"吹牛"，所以很难得到大家的喜欢和尊重，当然也不会有人愿意和这样的孩子交朋友。

因此，如果孩子有这方面的表现，家长应该及时制止和引导，绝不能让孩子陷入骄傲和狂妄的泥沼中。自以为是的孩子不仅无法认识自己的不足，对别人的优秀也会视而不见，在交往时总喜欢以高高在上的姿态对待或指挥别人，这相当于在自己的周围垒起了一道无形的"城墙"，很难赢得小朋友们的友谊。

而且，自以为是的孩子情绪容易大起大落，取得一点成就就骄傲自满，而一点点打击和挫折又会让他们难以承受，他们骄傲的心灵无法容忍自己的失败和不足。所以，家长一定要从小培养孩子谦虚谨慎的性格，切不可自以为是、狂妄自大。

第九章

 嫉妒是自我意识的觉醒，家长可及时疏导

家里来了个三岁的小妹妹，六岁的盈盈当小姐姐了，好开心。

可是这种开心很快就消失了。看着妈妈抱着小妹妹左亲右亲，舍不得放下来，还一个劲儿地夸："这孩子可真漂亮，让人看了真喜欢！"，盈盈走上前，拉住妈妈的手："妈妈抱我！"

"你那么大了，妈妈哪里还抱得动！"妈妈笑着说。

"不行，我就要你抱我！"盈盈一边说，一边眼泪汪汪。

"好好好！妈妈抱盈盈。"妈妈抱着盈盈亲了一下，打趣地说："我们家盈盈吃醋了。"

吃饭的时候，妈妈和爸爸一个劲儿地往小妹妹碗里夹菜，特别是当妈妈剥好虾，放进小妹妹碗里时，盈盈又不乐意了："妈妈，我也要吃虾。"

"你不能吃，海鲜过敏。"妈妈说。

"不！我就要吃！"盈盈大声喊，"我就要吃虾。"

"虾给姐姐吃。"小妹妹乖巧地夹起虾仁放进盈盈的碗里，盈盈一下子拨出来，扔在地上："谁要吃你的虾！"

小妹妹被吓了一跳，哭了起来。妈妈训斥盈盈："你这孩子，怎么这么

不听话！怎么当姐姐的？"

"我才不要当姐姐！"盈盈气呼呼地冲进房间，"砰"地用力关上了门。

很显然，盈盈是吃醋了，当她看到妈妈抱着小妹妹、给小妹妹剥虾仁时，就感觉自己受了冷落，感觉妈妈更喜欢小妹妹，所以就产生了嫉妒的心理。

或许有人会觉得奇怪：这么小的孩子也会嫉妒吗？其实，嫉妒是每个人都会经历的心理现象，孩子从一岁多一点开始，就会产生嫉妒心理。当看到跟自己关系亲密的人与别人亲近，比如妈妈抱着别的孩子，或者夸奖别的孩子好看、聪明时，孩子就会明显情绪低落，甚至生气、发怒。有的孩子看到爸爸妈妈亲热也会生气，也是这个原因。

虽然嫉妒是每个人都会产生的心理，但是如果在孩子小时候，家长不注意疏导这种情绪，任由嫉妒的毒苗越长越高，孩子长大后就会对比自己强的人心怀不满，甚至产生破坏、报复的心理，这是很可怕的。所以，父母一定要及时引导，帮助孩子建立正确的竞争观，让孩子远离嫉妒之心。

首先，当孩子因为嫉妒而难受、生气甚至发怒时，父母不要指责斥骂孩子，而是先告诉孩子自己能够体会并理解这种心情，因为嫉妒也是人类情感之一。但这是一种不好的情感，我们不能任由它发展，而是要学会转移和控制。其次，教育孩子要承认差异，每个人都有长处和短处，不要拿自己的短处和别人的长处比，既要学会欣赏他人的成功，也要学会发挥自己的优势，这样才能让嫉妒无处生根。

总之，虽然嫉妒是每一个孩子心理发展的自然现象，但是作为父母，当发现孩子有嫉妒之心时，一定要及时疏导，让孩子的情绪得到健康发泄，并让孩子正确地认识自己，坦然地欣赏他人的闪光点。

第九章

 弄清孩子为何说谎，了解原因比责骂更重要

国庆节过后的第一天，孩子们聚在一起讲假期的见闻。有的跟爸爸妈妈去了国外旅游，有的去了国内著名的景点。同桌赛赛问鑫鑫："你们出去玩了没有？"

"我们……我们去了欧洲。"鑫鑫脱口而出。

"哇！你爸爸妈妈竟然带你去了欧洲？"同桌羡慕地大叫起来，同学也全都围了过来："快说说看！欧洲有什么好玩的、好吃的？"

看着同学们羡慕的眼神，鑫鑫硬着头皮说："我们去了法国，看了埃菲尔铁塔、巴黎圣母院，还去了英国，看了大本钟……还有……还有……"

鑫鑫绞尽脑汁想欧洲还有哪些地方，可是他好像只记得那么多了。

"快说啊！还看了什么？"

"妈妈还带我去了耶鲁大学！"

"耶鲁大学不是美国的吗？"有同学疑惑地问。

鑫鑫的脸唰地红了，但他想了想，说："法国也有耶鲁大学的分部。"

看着同学们半信半疑的眼神，鑫鑫急了，说："在德国我们还看了人妖表演。"他依稀记得这是国外一个很有名的节目。

"人妖表演是泰国的啊！"另一个刚刚跟爸爸妈妈去过泰国的同学说。

看着大家越发不相信的眼神，鑫鑫只有硬着头皮说："德国也有人妖的。长得可吓人了，一个个像妖怪一样……"

"鑫鑫骗人！"好几个去过泰国的同学都叫了起来，"人妖长得可漂亮了！"

"原来鑫鑫是吹牛大王！"大家哄笑着散了，只剩下鑫鑫孤零零地站着。

说谎是一个很不好的习惯，也是大家都深恶痛绝的毛病。对于六岁前的孩子来说，由于分不清现实和想象、游戏与生活，常常会说一些与现实不相符的话，在外人看来就像是编造的谎言，实际上却是他们内心强烈愿望的一种反映。这种谎言多半是无意识的，随着孩子年龄的增长会逐渐消失。还有一些谎言是为了引起别人的注意或者做了错事，为了逃避责罚而说的，这一类谎言家长必须引起重视。尤其是孩子七岁以后，如果依然经常撒谎，那么纠正教育就不可不重视了。

谎言折射出来的是不诚实的品质，不但会失去周围人的信任，还会被他人嘲笑、讥讽、孤立。所以，父母要及时发现并纠正孩子爱说谎的坏习惯，教导他们实事求是、诚信做人。对于孩子合理的需求，父母应尽可能满足；但假如孩子所提的要求不合理，只是为了吸引别人的注意，满足自己的虚荣心，那么父母就要跟孩子讲明道理，温和而坚决地拒绝。

有时候，孩子说谎是因为父母太过严厉，他们害怕受到惩罚，便编造出谎言以此来逃避惩罚。如果是这种情况，那么首先要改变的是父母。父母应告诉孩子："虽然你做了错事，但只要改正就依然是好孩子；而撒谎则是错上加错，比错误本身更严重，爸爸妈妈会更生气。"这样，孩子下次犯错时，就会选择承认错误，而不是撒谎了。

第九章

 不过度溺爱或严厉，走出偏执狭隘的迷宫

妈妈正在上班，接到老师的电话，说典典在学校犯了错，让妈妈立即赶到学校。妈妈立刻开车来到学校：原来典典下午谎称肚子疼，跟体育老师请了假，趁其他小朋友到操场上课时，典典在四个小朋友的保温杯里倒了点墨汁。有两个小朋友察觉后报告了老师，但已经有两个小朋友喝下去了，虽然没有出现什么严重的症状，但已经被送往了医院。

妈妈一听，感到一阵晕眩，几乎站不稳了："典典才七岁，怎么会做这样的事？"

后来，经过反复询问和调查，大人们才知道：原来这几个孩子在班里都是比较乖巧的好孩子，平时常常受到老师的表扬。而典典平时比较调皮，老师教育他时常常把这几个孩子当成正面教材。有的时候，典典表现不好，他们也会向老师反映，用典典的话说，就是"告状"。所以典典心里不服气，想找机会报复他们一下。他"策划"了很久，终于想到了这么一个"好主意"。

"我怎么生了你这么个恶毒的孩子！"妈妈狠狠地打了典典一个耳光。典典捂着脸，边哭边叫："我恨你们！"

虽然典典的行为是个例，但这一类心理在孩子身上却并不少见，概括来说就是——偏执狭隘。

偏执狭隘用通俗的话讲就是"爱钻牛角尖"，在心理学上被视为有缺陷性格。偏执狭隘的孩子一般比较内向，不善与人交流沟通，看待问题容易走极端，对于比自己强的人怀有较强的嫉妒心。更为可怕的是，他们的怀恨心理与报复心理比一般人要重得多，不愿意接受批评，而习惯推卸责任。这类孩子严格来说在心理上是有问题的，如果家长发现自己的孩子有这方面的倾向，一定要高度重视，及时、科学地疏导、教育，帮助孩子走出偏执狭隘的误区。

其实从典典妈妈的那一记耳光我们就可以看出，典典形成偏执狭隘的性格与不正确的家庭教育有很大关系。过分溺爱和过分严厉都会令孩子的性格走上极端，所以，为孩子创造一个良好的家庭环境和社交环境非常重要。

不要随意斥责、打骂性格比较偏执的孩子，要经常与孩子进行沟通和交流，让他们感受到关心、理解和尊重。当孩子出现对他人的敌对心理时，要及时纠正他的错误。要告诉孩子只有尊重他人，才能获得他人的尊重；只有自己变强，才能赢得对手的敬佩。这样对消除孩子对他人的敌意以及避免孩子强烈的情绪反应是很有帮助的。

偏执狭隘性格的形成通常与他们缺乏交流有关，所以家长要鼓励孩子多与他人交往。引导孩子感受人与人之间的善意与美好，指引孩子去帮助、关心别人，同时也带他们去感受别人的温暖和善意。这样，孩子即便性格上出现了偏执的端倪，也能在良好的教育和指引下，渐渐得到修正。

第九章

 营造好环境巧疏导，制止孩子的歇斯底里

妈妈带宝宝到外婆家玩，正巧宝宝的表哥——舅舅家的孩子——昊昊也在。两个孩子年龄相差不大，虽然两家住得远，平时不怎么见面，但两个孩子还是很快就熟络起来。

宝宝正是崇拜比自己大的孩子的年纪，跟在昊昊屁股后面"哥哥，哥哥"地叫个不停。昊昊似乎也很享受这一"殊荣"，还不时地抱抱宝宝。大人们看两个孩子玩得那么和睦，自然也很开心。

可后来，这一切却因为一个玩具而发生了变化。

起因是宝宝看见沙发上有一架玩具飞机，吵着要玩。昊昊制止他说："那个飞机太复杂了，你不会玩。"可外婆还是拿下来给了宝宝。昊昊很不高兴，站在一边板着脸盯着宝宝。突然，宝宝不小心把飞机掉在了地上，于是昊昊就爆发了："叫你不要拿，你偏不听！你看，现在好了吧？赔我的飞机！"

外婆赶紧捡起飞机："只是掉在地板上，你看，没坏！"

昊昊一把抢过飞机，大声吼叫说："都怪你！都怪你！干吗偏袒这个小不点！"

宝宝吓得哭起来,妈妈赶紧将宝宝抱到另一个房间,不料昊昊冲过来,"砰"的一声踢开房门,恶狠狠地对他们大叫:"你们都去死吧!"然后又"砰"的一声用力关上房门。妈妈站在房间里,已经快傻掉了。

后来,外婆偷偷告诉妈妈:昊昊的妈妈性格比较强势,在家里不仅对孩子张口就骂、伸手就打,对宝宝的舅舅也是稍不如意就破口大骂。

"这孩子,可能随他妈。"外婆叹息地说。

大人的一言一行会在孩子心里留下深深的烙印,不但影响着孩子当前的性格,更影响着孩子的一生。昊昊正是因为受他妈妈暴躁、粗鲁的脾气影响,所以才会这样突然发怒,甚至歇斯底里、令人害怕。

心理学研究也证实了这一点:儿童歇斯底里症状产生的最大原因来自家庭。这一类孩子非常自我、任性,稍有不如意就会大吼大叫,甚至咬人、打人,用脏话狠狠地咒骂对方。他们的情绪极不稳定,容易冲动,容易产生报复心理,并且有暴力倾向。显然,这样的孩子的心理是不健康的,已经完全超出了儿童顽劣、调皮的概念,家长需要重视。

那么如何才能令孩子的脾气柔和、温厚一些呢?首先,要给孩子一个平等、温和的家庭氛围,杜绝暴力和冷暴力。要让孩子感受到来自大人的温暖,但同时也不能过分溺爱,那样会养成他们唯我独尊、任性妄为的坏毛病。其次,教育孩子学会控制自己的情绪,比如在愤怒的时候静数三十秒,让情绪平稳下来;或者用其他事物来分散自己的注意力。最后,要记住:当孩子试图用歇斯底里的哭闹来达成某个目的时,家长千万不能妥协。不要因为孩子哭得上气不接下气、可怜巴巴就"缴械投降",满足孩子的欲求。要知道,一旦这种行为养成习惯,孩子长大后也会采取这样极端的方式来达到目的,最后甚至做出伤人伤己的愚蠢行为。

第十章
正确识别孩子的逆反心理，安抚孩子的反常情绪

人小鬼大，三岁的孩子也"叛逆"

沛沛三岁了，妈妈觉得孩子像突然换了个人似的，老是故意和大人做对。让他往东，他偏要往西；让他不要做什么，他偏要做什么；让他做某件事，他又偏偏不肯去做。妈妈觉得既头疼又生气。

比如，周末带他到同事家做客，让他叫"叔叔、阿姨"，他怎么也不肯开口，还一个劲地往妈妈身后躲。以前沛沛可不是这样，小嘴可甜了，大家都夸他懂事、有礼貌，可现在连人都不肯叫了。

同事家有一个和沛沛差不多大的小弟弟，妈妈让沛沛带着小弟弟一起玩，沛沛嘴一撅，说："我才不跟小不点儿玩，没意思。"于是一个人跑到一边玩玩具。小弟弟让沛沛跟他一起玩，沛沛嫌他烦，跑到书房躲起来。小弟弟用力敲门，沛沛一直不开门。后来小弟弟哭了起来，他还是不打开门。最后爸爸妈妈下了命令，他才不情愿地把门打开。

从同事家离开的时候，沛沛怀里紧紧地抱着小弟弟的玩具，不肯放下来。妈妈让他还给小弟弟，他一边往后退一边大声说："这是我的！我要带回家！"妈妈很生气，上前去夺玩具，不料沛沛竟坐在地上大哭起来。同事忙说："不要紧，送给沛沛好了。"弄得妈妈很尴尬。

回到家，妈妈生气地对沛沛说："你这么不听话，下次哪儿也不带你去了！"

"我不！我就是要去！你走到哪儿我跟到哪儿。"沛沛理直气壮地回答，妈妈哭笑不得。

很多父母都会有这样的感觉：孩子刚过了三岁，就像突然变了个人一样，事事喜欢跟大人对着干，而且倔强、有主见，小脑瓜里似乎藏着层出不穷的"鬼主意"，令爸爸妈妈感到头疼。这是怎么回事呢？

其实很简单，这是因为孩子到了叛逆期。或许有人会觉得很诧异："不是说叛逆期在青春期才会出现吗，三岁的孩子怎么会有叛逆期？"事实上，人的一生一般要经历三个叛逆期，第一个叛逆期一般就出现在三岁左右。因为这是孩子自我意识觉醒的第一个阶段，孩子第一次意识到世界是分为"你、我、他"的，而对于自己的"领土"，孩子要争取"话语权"。这就是他们跟父母对着干的原因，绝不是"叛逆"、"不听话"、"淘气"这么简单。

这个阶段对孩子来说非常重要，当孩子开始说"不"的时期来临，就意味着他们的成长进入了一个新的阶段。他们开始有自己的思想，有自我意识和主见。在这一阶段，作为父母，我们要认真倾听他们内心的声音，要学会尊重孩子，而不是强硬地、武断地命令孩子放弃自己的想法和主张，否则孩子长大后就会成为一个不敢坚持自我、没有主见的人。

理解并尊重孩子，是陪伴孩子顺利度过人生第一个叛逆期最重要的法宝。只有倾听孩子的声音，了解孩子内心的需要，才能与孩子成为真正的好朋友。

儿童性格心理学

 孩子的沉默，可能是无声的抗议

爸爸生气地对妈妈说："我看咱龙龙的名字起错了，应该换一个字才对。"

刚刚加班回来的妈妈一边挂衣服一边问："才带了一天孩子就这么不耐烦了？你说说看，换哪一个字？"

"换'聋子'的'聋'。"爸爸没好气地回答。

妈妈笑了："哪有这样说自己孩子的。怎么，龙龙又惹你生气了？"

"叫他做什么都不听，有时候说好几遍，他还是不理不睬，就跟没耳朵似的，你说应不应该换'聋子'的'聋'？"爸爸气呼呼地说。

"孩子不理你，肯定是有原因的。"妈妈说，"或许他正在做某件事，专心致志，所以没听见。"

"好吧，就算有的时候我声音小，或者离他远，跟他说话他听不见，但有的时候我明明就在他身边，而且很大声跟他讲几遍，他眼皮都不抬，看都不看我一眼，还是自顾自做自己的事情。"

"然后呢？"妈妈问。

"然后我就不让他做！"爸爸行使了自己的权威。

"然后孩子就又哭又闹，对不对？"

第十章

"是啊，"爸爸无奈地说，"你带孩子的时候也是这样？"

"以前是这样。我跟他说话，他不听，就像没长耳朵一样。但孩子的听力是绝对没问题的。所以后来我就想，孩子这样肯定是有原因的。经过一段时间观察，我发现，孩子不是听不见，而是没听进去。因为他不想按照我们说的去做，所以就采取无声的抗议。"

"小小人儿，倒有主见了。"爸爸摸摸头，说。

"当然，孩子也是人，怎么会没有自己的想法？所以后来，我会和他商量，蹲下来说话，看着他的眼睛，而不是远远地命令。这样，情况就好很多了。"妈妈微笑着回答。

让孩子把饭吃完，孩子碗一推，跑开了；叫孩子洗手吃饭，孩子眼睛盯着电视，一动不动；让孩子不要跑得太快，孩子反而加速往前……这种种情形，似乎每个孩子身上都发生过，爸爸妈妈也因此叹气："孩子怎么跟没耳朵似的，说什么也听不见。"其实就像龙龙妈妈说的那样，孩子听力绝对没有问题，不是听不见，而是没听进去，或者根本就不想听。

孩子从三岁开始，就逐渐形成自我意识。他们有自己的想法和主见，当大人的吩咐或命令与他们的想法相悖时，他们会选择将自己的耳朵闭起来，置若罔闻。这也是孩子叛逆期的一种表现，不是大声地抗争，而是无言地反抗。

对于孩子的这种表现，有的大人会很生气，于是就拿出家长的权威，大声吼骂，用强硬手段迫使孩子按照自己的意图行事，最后自然是大人叫、孩子哭，弄得鸡飞狗跳。其实无论多大年纪的孩子，都希望家长能以平等的身份和他们说话。就像龙龙妈妈所说的那样，蹲下来，用温和的语气与孩子说话，孩子就会听话得多。假如总是粗暴地命令，那么孩子长大后不是越来越叛逆，就是变得懦弱、无主见。

 孩子对着干，试着让他做选择题

"好了，下次再聊。我们得回去吃饭了。"茵茵妈妈结束了和霏霏妈妈的聊天。霏霏妈妈看着和小朋友们在运动器材上玩得正开心的茵茵，有些担心地问："孩子能那么听话地跟你回去吗？"

刚刚她们正在聊孩子叛逆期的问题。霏霏妈妈诉了一大堆的苦，无非是孩子越来越不听话，越来越倔强，什么都跟大人对着干。

"要是霏霏，肯定不会乖乖地跟我回家，非要又打又骂，最后才肯听。"霏霏妈妈说。

"我有法宝，你瞧我的。"茵茵妈妈调皮地眨了眨眼睛。

只见她走到茵茵面前，说："茵茵，到时间回家吃饭啦。"

"我不，我还想再玩一会儿。"茵茵的头摇得像拨浪鼓。

"好啊，那你可以再玩一会儿。但是，妈妈可要先回去了。然后妈妈吃完饭再来接你，大概一个小时。不过那样的话，你最喜欢吃的咖喱鸡可能就被吃完啦！"妈妈轻松地回答。

茵茵站在原地，咬着嘴唇好像在思索。妈妈等了等，问："你是现在和妈妈回去一起吃咖喱鸡，吃完了看动画片呢，还是在这里继续玩，等妈妈

一个小时后来接你?"

"那我还是跟你一起回去吧。"茵茵回答。

妈妈牵起茵茵的手,愉快地往家里走去。霏霏妈妈走上前跟她们道别的时候,茵茵妈妈轻轻地对她说了一句:"当孩子不听话的时候,试试让她们做选择题。"

望着茵茵和妈妈远去的背影,霏霏妈妈好像明白了什么。

人们常说三岁的孩子人小鬼大,的确,处于叛逆期的孩子最喜欢和大人对着干,什么事都有自己的想法。而事实上,由于年龄的限制,他们的想法很有限。让他们选择,似乎就尊重了他们。所以,聪明的父母不妨让孩子们做做选择题,充分发挥一下"民主"。

把孩子想做的事和你想让他做的事放在一起,让他选择,但关键在于要将两者所造成的后果摆出来,趋利避害是人的本能,相信孩子会很快选择对于他来说更好的那个选项。

不要强制孩子做某事,即便你很想让他做。我们可以换一种更好的方式,比如,孩子不肯上兴趣班,你可以问他:"你是想去学拉丁舞呢,还是跆拳道?"如果是女孩,我想她会很快选择跳拉丁舞;男孩则相反。把你想要让他做出的选项巧妙地隐藏起来,用一个孩子更不情愿的选项来衬托一下,相信孩子就会不知不觉地遵从大人的安排。

或许你会认为这是在和孩子"耍心眼",但是对于教育来说,达到目的才是最重要的。避免和孩子的正面冲突,有时候耍一下小小的"心眼"又何妨呢?让孩子感受到尊重,把决定权交到孩子的手中,而不是强制性地迫使他们遵守,这一点对于孩子来说相当重要。而做选择题,正可以达到这样的目的。

孩子叛逆，不妨蹲下来与他平等对话

小雨的妈妈很喜欢逛商场，小雨小的时候，妈妈经常带着她一起逛商场。那时候，小雨乖乖地坐在婴儿车里，给她一点好吃的或者一两个小玩具，她就能安安静静地待上半天。妈妈推着她逛街，小雨不哭也不闹，走到哪里，大家都夸小雨真乖。

可是现在，小雨长大了，妈妈发现小雨变了。逛商场的时候，小雨再也不肯安安静静地坐着等妈妈，不是到处乱跑，就是拉着妈妈的衣角使劲拽，大声嚷着："回家！回家！"

这不，今天妈妈带小雨出来买衣服，小雨又嚷着要回家。妈妈耐着性子对小雨说："你看，商场多热闹啊，有那么多漂亮的衣服和各式各样的玩具，每个柜台都布置得那么好看，你为什么不喜欢商场呢？"

"不喜欢就是不喜欢！我要回家！"小雨嘟着嘴说。

"好了，好了，再逛一小会儿就回家。"妈妈为了哄小雨开心，把刚买的瑞士糖塞到小雨手里，不料小雨一把扔到地上："我不要吃！我要回家！"

"你这孩子，真不听话！"妈妈一边生气地说，一边蹲下来捡糖果。无意间一抬头，妈妈愣住了：眼中只见来来往往的大腿、脏兮兮的地面和柜台的柱脚，嘈杂、脏乱，哪里有什么漂亮、热闹、有趣可言？

"怪不得小雨嚷着要回家呢！"妈妈好像明白了什么。她内疚地抱抱小雨："好，咱们马上回家！"

作为大人，我们常常抱怨孩子不听话，故意跟大人作对，却很少问自己：孩子为什么会这样？要回答这个问题其实很简单，就是蹲下来，用孩子的视角看世界。

蹲下来，以孩子的高度和角度来看待问题，你就会明白孩子的感受与想法，你就会明白孩子为什么会抗拒你的命令和要求。就像小雨的妈妈一样，蹲下来，她就明白了孩子眼中的商场究竟是什么模样，她就明白了孩子为什么会抗拒逛商场。孩子所谓的"不听话"、"叛逆"也就可以得到很好的解释了。

蹲下来，才能更好地了解孩子的需求。大人们假如总是高高在上，一味地发号施令，那么就永远不会明白孩子究竟想要什么、不想要什么。对于违背孩子内心的命令，孩子自然不愿意遵从，因此就会出现我们所谓的"不听话"、"叛逆"。

只有蹲下来，才能真正与孩子做朋友，而不仅仅是口头上的与孩子交朋友。没有孩子喜欢与高高在上的交流，与孩子在同一高度对视，才能更有效地与孩子沟通。只有通过心与心的交流与沟通，孩子才会愿意听父母的话，才会愿意遵从父母的命令。

所以，当孩子"叛逆"、"不听话"的时候，不妨蹲下来，换个角度看问题，一定会有新的发现和收获。

 读懂孩子真实内心，再进行正面管教

威威的妈妈是大公司的主管，不仅人长得漂亮，能力也很出众。因此，无论从哪一方面来说，她都称得上是一个完美的女人。自从有了孩子，她也用"完美"的标准来要求孩子。

在威威的教育上，妈妈可以说是费尽了心思，耗尽了心血：从威威牙牙学语开始，妈妈就给他制订了一套"完美"的学习计划。天天给孩子读唐诗，用中英文两种语言轮流跟孩子说话，带着孩子参加各种早教培训，给孩子量身定制各类兴趣班、特长班。孩子的确没有辜负她的期望，刚上幼儿园时，威威在入园测试中的表现几乎令老师和其他家长震惊。大家都称呼威威是"小神童"。威威妈妈感到自豪的同时，对威威的教育更加严格了。

大到学习文字绘画，小到生活点滴，妈妈对威威的要求相当严格。威威有一点不合标准，妈妈就立刻给他指正，要他重新再来一遍。如果重新做还是达不到妈妈的要求，威威就会受到惩罚。虽然妈妈不赞成体罚，只是象征性地打一下手背，或者取消一次看动画片或去游乐园玩耍的机会，但妈妈认为，对孩子严格要求会让孩子越来越出色。

然而事情的发展令所有人都大跌眼镜:威威自从上了小学后,不仅各方面表现平平,没有一点突出之处,甚至还有了厌学、自闭的倾向。他不喜欢与同学老师交往,性格内向,又很倔强,凡事喜欢跟老师对着干,很难管教。老师们曾经听说过他在幼儿园时的表现,都百思不得其解:"这孩子,怎么越长大越不行了呢?"

像威威妈妈一样对孩子的教育呕心沥血的家长不在少数,可是大多结果都与威威一样:孩子不但没有越来越出色,反而越来越不听话,越来越叛逆,越来越难以管教了。这是为什么呢?

其实,这一切都是过于严厉的管教方式惹的祸。要知道,孩子不是一块石头,你想怎样雕刻他,他就会变成什么样。孩子也是人,随着年龄的增长,孩子会有自己的意识和想法。然而过于严厉的教育模式忽视了孩子的内心,只一味强调家长的权威和期望,最后只会令事情走向相反的一面——孩子愈来愈叛逆,性格和学习上都出现问题。

这样的情况常常会让家长产生无力感和焦灼感:为什么自己越用力,孩子越不行?其实教育并非单纯的管制,如果家长只要用力地去管教孩子就能管好孩子,哪里还会出现"不成器、不成材"的情况呢?试想一下,整天面对权威,毫无平等可言,没有自主意识和自我见解,这样的孩子,除了压抑和不快,哪里还会有什么自信心、主动性和积极性呢?

所以,从某种程度上来说,最好的"管"就是"不管"。给孩子适当的自由、适度的空间,不要全包全揽。过度的管制只会让孩子厌烦、苦闷,最后慢慢变得不听话、叛逆、没有自信,情况只会越来越糟糕。

 别跟孩子较劲，关键时刻要适可而止

暑假里，妈妈带璇璇到泰国旅游。第一次坐飞机，璇璇很兴奋，对什么都感兴趣。上飞机后，璇璇就在座位上摸来摸去，一会儿打开座位前面的挡板，一会儿再合上，一会儿按按座位边上的按钮，把座位调高，一会儿再调低。妈妈训斥了好几次，璇璇才撅着嘴坐下来。

机舱里空调开得比较大，妈妈拿外套给璇璇穿，璇璇一把扯下来："我不要穿。"

"冷气大，必须穿。"妈妈命令说。

"我不冷！"璇璇大声回答。

"这么大的冷气，妈妈都冷，你怎么可能不冷？快点穿上。"妈妈再次命令。

"不穿就是不穿！"璇璇倔强得很。

"那好，感冒了看谁打针吃药，看谁哭！"妈妈打算不理璇璇，可是这威胁好像并不起什么作用，璇璇就是不肯穿外套。

飞机马上要起飞了，妈妈给璇璇系安全带，不料璇璇依然抗拒。妈妈发火了："你这孩子，越来越没有规矩了。不穿外套依着你，你以为不系安

全带也能依着你吗?"

妈妈强硬地把安全带给璇璇扣上,璇璇虽然没办法抗拒,却放声大哭起来。前前后后的乘客们全都望过来,妈妈又尴尬又生气,好好的旅游兴致一下子全没了。

璇璇和妈妈的对抗其实起源于妈妈对孩子好奇心的粗暴扼杀。对于没有见过、没有经历过的事物,孩子天生充满好奇,假如妈妈能够理解这一点,将飞机上各部位的结构解释给孩子听,然后用温和的态度要求孩子遵守乘坐飞机的规矩,那么相信后面的事情就不会发生了。

作为父母,我们总是批评孩子不听话,可是我们却忘记了孩子也是人,也有自己的想法和感受。我们总是简单地命令孩子听话,如果孩子不听从,我们就会情不自禁地跟孩子较劲。较劲的结果无非两种:一种是孩子屈服于大人的权威,这样的孩子长大后很可能失去自我;一种是坚决不听,最后弄得"人仰马翻"。

其实,与孩子的较劲要适可而止。对于孩子的坚持,我们可以不强制性地命令,而用另一种更温和的方法:商议。比如,如果璇璇的妈妈这样对孩子说:"摸摸看,手臂是不是感觉有点冷?我们先把衣服穿上,如果热了再脱好不好?这样可以防止感冒。"我相信,孩子会容易接受得多。假如孩子依旧坚持她不冷,那么在这样的小事上,实在没必要和孩子较劲。冷了,受不了了,她自然会穿。不要担心孩子会冻着,哪个孩子不是在磕磕碰碰、小伤小痛的磨炼中成长起来的呢?

当然,像系安全带这样原则性的问题,父母是不能让步的。但也没必要非像捆犯人一样捆住孩子。其实孩子比我们想象中要讲理得多,有时候,只要换种态度、换个方式,孩子就能够接受和认可,关键在于大人要控制自己的情绪,用温和的方式让孩子接受。

 看穿孩子骄傲背后掩藏的自卑

"来来,你怎么不和小朋友们一起玩?"何老师问新转学来的小朋友来来,其他孩子正在院子里玩挖掘机的游戏。

"我才不想跟他们玩!"来来高傲地回答。

"为什么?"何老师很奇怪。

"因为……因为我家里的院子比幼儿园的院子还要大,可以放下好几台……那个机器。"来来骄傲地说。

何老师先是一愣,然后就忍不住笑了:"来来,你知道那个机器叫什么吗?"

来来沉默了一会儿,大声说:"我忘记了!反正我都已经玩腻了,不想玩了!"说着,来来跑到角落里,拿起一本书看起来。

下午放学的时候,何老师见到了来来的妈妈——一个朴实的中年妇女。她略带局促地对何老师说:"我们刚搬到城里,请老师多多照顾一下孩子……"

"我自己能照顾自己!"来来不耐烦地打断妈妈的话,拽着妈妈的手往外走。有一个小朋友跑过来邀请来来一起去滑滑梯,来来骄傲地摇头说:"我要回家去玩,我家里有一个比这更大的滑梯!"说着头也不回地拉

着妈妈走了。

何老师愣愣地看着来来和他妈妈的背影,有点呆住了。

很显然,叫不出"挖掘机"名字的来来在吹牛,可是孩子为什么要这么做呢?

看得出,来来的是一个很骄傲的孩子,可透过他的"骄傲",我们分明看见了他隐藏在背后的深深的"自卑"。没错,孩子虽小,但已经开始有了很强的自尊心,为了维护他们的自尊心,孩子们常常会用表面上的骄傲来掩饰他们内心的羞涩和自卑。

这一类孩子的内心通常要比一般人更加敏感,也更在意别人的看法,甚至可以说有一点点虚荣。当他们觉得自己某方面不如别人时,为了保住面子,他们会装作满不在乎,摆出目空一切的态度,就是为了让别人感觉:"哼!有什么了不起的,我才不在乎呢!"或许他们的做法可以令一些小朋友上当,从而对他们表现出崇拜。但事实上,他们不过是在掩饰自己虚弱的内心和深深的自卑感。

正如成人的世界中,那些追求金钱而不得的人往往会表现出视金钱如粪土的姿态,那些渴望爱情却无法如愿以偿的人常常会表示出不愿谈恋爱的清高之态,孩子也是一样。他们努力表现出骄傲的模样,只是为了让别人觉得他们强大,而事实上,他们往往更缺乏自信。

所以说,"骄傲和自卑是对孪生姐妹"。当我们察觉到孩子这种故意装出来的骄傲时,一定要注意保护孩子的自尊。当然,也要教育孩子,让他们发现并发挥自己的优势和长处,不要因为纠结于某些方面的不足而感到自卑。帮助他们克服虚荣的心理,让他们明白人各有所长,也各有所短。如果孩子能坦然面对自己的长处和短处,那么他们也就不再必要用骄傲来掩饰自卑了。

 夸张的行为，只因想引起大人的注意

爸爸的同事打电话来，说有几个问题要讨论一下，因为明天一早要开会，所以爸爸就邀请他们到家里来。妈妈害怕炯炯"人来疯"，早早就和孩子约定好：爸爸和叔叔们有重要的事情要商量，晚上要保持安静，不许打扰大人。炯炯也乖乖地答应了。

可是，客人们到后不久，炯炯就"出状况"了。

先是在自己的房间大声喊"爸爸"，爸爸没办法，跑过去一看，原来炯炯新折了一架纸飞机，非要爸爸看。爸爸夸奖了他几句，又回到书房，继续和同事们讨论问题。

突然，书房的门被"呼"的一声踢开，炯炯光着身子站在门口。爸爸吓了一跳，还没开口，妈妈急急匆匆跑来："这孩子，正在洗澡就溜出来了。快回去！"

"我不！"炯炯扭着身子，"爸爸，你看，我的肚子被蚊子咬了个大包。"

爸爸哭笑不得："好了好了，快跟妈妈去洗澡。"

"炯炯，羞羞！"一个叔叔刮着脸取笑炯炯，炯炯做了个鬼脸，还故意转过身子，将屁股朝着大家，用力地扭起来。大家全都笑了。炯炯看见

大家笑，更来劲了，光溜溜地跑进房间，跳到沙发上。妈妈气坏了，追进来，揪着炯炯向浴室走去。炯炯一边号啕大哭一边用力挣扎，手脚并用地和妈妈"战斗"。妈妈好不容易把他拉进了浴室，已累得满头大汗，不由得生气地在炯炯的光屁股上拍了两下："让你再淘气！"

妈妈拍得并不重，可炯炯却发出震耳欲聋的嚎哭声，一边哭一边叫："爸爸救命啊！"爸爸和叔叔们都赶来了，有的叔叔还劝妈妈："孩子还小呢，别太严厉。打骂只会增加孩子的逆反心理。"妈妈尴尬地站着，简直不知道该说什么好。

其实，"人来疯"是有原因的，三岁之后，由于孩子自我意识的发展，他们的感知力和表现欲与之前相比都有了较大的提高。如果家长对他们的这种发展视而不见，孩子就会在来客人时做出疯狂的举动，其目的只有一个：引起大家的注意。这并不是大人们口中的"不听话"、"调皮"、"捣蛋"。

"获得关注"是每个人内心的心理需求，如果父母平时忽视了孩子的这种内心需求，孩子就会用夸张甚至极端的行为来博取众人的关注。既然知道了原因，那么解决这个问题其实很简单：平日注意多跟孩子交流，倾听孩子的心声，让他们有机会说出心里话，这样可以使孩子感受到自己在父母心中的重要，就不会通过大吵大闹来获取存在感；给孩子多提供展示的舞台，尽可能参与到孩子的游戏中，对他们的"发明创造"多提意见，让他们感觉到父母的注意和关心。这样，有客人来的时候，孩子也就不会过于急切地寻找"表演舞台"。对孩子良好的行为多加肯定，让孩子知道什么是文明、礼貌的行为，同时也要他们明白过度夸张的表现是对客人的一种惊扰和不礼貌，渐渐地，孩子就知道哪些该做，哪些不该做了。

附录

称职父母最应该知道的好性格养成记

相信每位父母都希望自己的孩子有个好性格,这样不仅孩子幸福,也能给身边的人带来幸福。有的孩子天生活泼好动,和谁都能自来熟,到哪儿都能打成一片;有的孩子天生内向,不仅不爱说话,做什么事情也都是小心翼翼的。孩子的性格到底是怎么形成的?是天生的,还是后天养成的呢?其实,性格的形成既有天然遗传的成分,也有后天培养的因素。所以,既不能说孩子的性格天生就那样,谁都拿他没办法,也不能说家长、老师可以随意地改变孩子的性格。

孩子性格中天然的成分,我们改变不了。比如,孩子天生活泼好动,你非要孩子乖乖的、安安静静的,不准他多说,限制他行动,这样的约束岂不是把孩子给憋坏了吗?孩子天生胆小,你却非要让他去玩那些惊险刺激的游戏,这样的鼓励岂不是把孩子给吓坏了吗?孩子性格中天然的成分无所谓好,也无所谓坏,应该尊重、爱护孩子性格中天然的成分。

孩子的性格中虽有天然的、难以改变的成分,却不是一成不变的,绝大多部分还是后天形成的,是可以改变的。在孩子后天性格的形成过程中,父母起着至关重要的作用,可以说,每个孩子都是父母捏造的橡皮泥。孩子的性格好,表明父母的教育好;孩子的性格有问题,表明父母的

教育出了问题。

下面是针对培养孩子的好性格做出的"育儿宝典",希望爱子心切、对孩子给予了殷切期望的父母们能从中得到些许收获。

一、各色性格,不同培养

下面一起来看看不同颜色性格的孩子该如何培养吧。

红色性格

红色性格的孩子很好辨认,他们的特点主要有:

不断地给大人提要求,给大人找事情做,自己一刻也不闲着,还要把大人折腾得疲惫不堪。

脾气倔强,自己想不通的事,别人很难说服,自己认定要达成的目标,就一定要完成,不达目的不罢休。

从小就非常有主见。

胆子很大,天不怕地不怕。人们通常会说,这个孩子教育好能成为一个优秀的人,教育不好也可能一事无成。

面对红色性格的孩子,父母该如何跟他们相处呢?

要点一:要给他们一定的职责和一定的决定空间

面对红色性格的孩子,进超市也好,在家里也好,你都必须给他一些任务,要让他有事可做,不能让他闲着。带孩子去超市的时候,最好一直都牵着手,边走边说着话,让他来决定一些事情。"我们买哪个好呀?我们一起来挑选好不好?"让孩子来做一些无大碍的决定,不影响家长的原则,同时还能让红色性格的孩子很有成就感。

红色性格的孩子思维活跃,敢作敢为。所以,如果采取放任的管理方法,他们会什么都不怕,什么祸都敢闯。虽然不是对所有的孩子都要严加管教,但对于红色性格的孩子来说,适当的严格教育是必要的。

要点二:建立规则,并且严格执行

红色性格的孩子在小的时候是最难带的,因为他会不断地提要求:妈妈我要玩那个玩具;妈妈快来,我发现了秘密;妈妈我们干这个吧……会把家长搞得非常累。面对红色性格的孩子,一定要针对他制定一些规矩,而且执行态度要坚决,绝不能妥协。如果在超市或者商场,事先规定了只能买一件玩具,但孩子又哭又闹怎么办?说买一件就买一件,妈妈可以先领孩子离开现场,绝对不给他买两件。

要点三:在他们小时候,就要学会依靠他们

对于红色性格的孩子来说,从小就要给他们一种被依赖的感觉,因为红色性格的人从骨子就认定自己是顶天立地的,是勇敢好强的,这个时候你要让他们感觉到你很依赖他们,没有他们事情就不会做得那么好。比如,你可以常说:"幸好有儿子,要是妈妈一个人都不知道该怎么办了。""儿子,有你真好!"

如果妈妈给红色性格的孩子这样一种感觉,接下来他们会表现得更加出色,因为他们内心需要别人对他们有依赖感。要给孩子他们内心真正需要的东西，做父母的要知道该在哪儿迎合孩子。孩子们长大以后你就会发现，红色性格的孩子确实是父母最结实的臂膀。

要点四：要给红色性格的孩子一定的情绪空间

对于红色性格的孩子，一定要给他们情绪空间，允许他们发脾气。当他们发脾气的时候你不要着急，不要焦虑，让他们把脾气都发出来，因为那是他们自我发泄的一种方式。

最后，在日常生活中我们要帮助红色性格的孩子放慢节奏，他们的节奏太快了，要有意识地让他们知道，人有的时候是可以慢下来的。慢下来的时候思考会更全面，走得会更稳，所以让他们遇事时先不要急着做决定。

蓝色性格

蓝色性格的孩子是属于性格偏内向的。他们是最受大人们喜欢的一类孩子，为什么？如果老师说这道题得用四个步骤完成，蓝色性格的孩子一定会乖乖地按四个步骤来完成。而且蓝色性格的孩子的情绪是相对比较稳定的，他们谦虚、腼腆、不多话，也不多事，会让大人们感觉这个孩子看管起来比较容易。

面对蓝色性格的孩子，父母该如何和他们相处呢？

要点一：做父母的要粗线条一点

对蓝色性格的孩子要粗线条点，因为他太细致了，是过于注重细节的人。同时也正是由于他对细节太较真了，以致看不到整个大局。

蓝色性格的孩子本身就对自己要求很严格，本来就是一个活得很累的人，父母再对他们高标准会加重他们的累。累过头了，就会形成焦虑。对于蓝色性格的敏感、细腻就是要粗线条地对待，让他们多去看看周围的人，或者说多看看外面的大世界，尽量别给他们钻牛角尖的机会。

要点二：千万不可以用愤怒对待他们

对蓝色性格的孩子大声说话很容易让他们感觉到是在挨批评，他们脸皮很薄,也许被瞪一眼就会哭。不要用高声调愤怒地对待他们,如果你用高声愤怒的语调对待他们,他们立刻就会不说话了,或者会继续哭自己的,容易把自己封闭起来,不再理会对方。他们是很敏感的,也很懂得保护自己,你伤害他们一次,他们绝对不给你第二次伤害的机会。

要点三:及时肯定,适当表扬

所有的孩子都需要受到肯定,蓝色性格的孩子尤其需要,但是表扬的方式应该跟对待别的性格的孩子有所不同。对蓝色性格孩子的表扬应该是温和的,不是大张旗鼓的,因为他们很害羞,脸皮很薄。还有很重要的一点,如果能够表扬到细节的部分,那是蓝色性格的孩子最喜欢的,因为他们很关注细节,所以他们特别希望你能看到其对细节的处理。

要点四:引导他们表达自己

对于含蓄的蓝色性格的孩子,大人有时也很发愁:只是闷着不吭声或者自己哭,有心事不愿意主动跟大人分享。如果真的有了事怎么办呢?其实孩子就是这种性格,需要我们理解,需要我们察言观色。理解了以后,我们就不容易烦躁了,我们可以主动地、耐心地关心他们、走近他们。蓝色性格的孩子有一个特点,如果大人给他们很大的安全感,他们也是很愿意表达的,他们的表达水平一点儿问题都没有,只是能沉得住气而已。

要点五:不要催促他们做决定

内向的人是被动型的,他的节奏会稍慢一点儿,所以他要想做决定,一定是想好了才会说出来。大人在帮助他解决问题的过程中,不管你多着急,不管你说了什么,也不管你说了多长时间,如果没有真正说服他,他是不会做决定的,他的"拧劲儿"也表现于此。所以你最好不要催他,因为催他也是没有用的,他不会配合。

黄色性格

黄色性格的孩子也是非常好辨认的。他们的特点是多动。通常情况

下，他们小的时候在学校常被误认为是多动症患者。他们坐不住，像屁股上有钉子一样。黄色性格的孩子听老师讲课，只要听会了他们立刻就开始玩去了。黄色性格的孩子最淘气，小动作最多，总是闲不下来。

那么，黄色性格的孩子该怎么样来养育？

要点一：要经常描述他们的长处

对于黄色性格的孩子来说，不是简单地表扬一句话完事，要经常夸奖他的长处，并且最好是在人多的时候夸奖他的长处。

在中国的传统文化当中，绝大部分做父母的人都说：我是为你好，所以我会首先把你的缺点呈现出来，让你明白你哪儿不好，赶快改了，你就更好了，我是爱你才这么说，却没有说他好的方面。你不说孩子到底知道不知道呢？年龄越小越感性，你要是不说出来，他们是不会知道的。所以要经常当众夸奖他的优点，尤其是黄色性格的孩子。

要点二：要让他们感受到爱

黄色性格的孩子是感受型的，如果你想要他们感受到你的爱，你光说出来是不够的，光给个眼神也不够，还要经常去搂一搂他们，抱一抱他们，拍一拍他们的小脸，握握他们的手，和他们有一些身体上的接触，让他们实实在在地感觉到你的爱。

要点三：对他们不要严格要求

不要老是把他们和那些表现好的孩子做比较，常跟那些不如他们做得好的孩子比比，他们反而会越干越好。

黄色性格的人是粗线条，特别不善于整齐划一，他们认为无序的环境更加舒适。爸爸妈妈可以从小就去培养他们好的习惯，但要求不要太高。比方说，书包是不是整齐，自己叠的被子是不是好，自己的小桌面是不是干净，都不要管得太严格，否则孩子很难健康成长。如果他们无序的行为举动影响到别人时，再去管他们也不迟，但也应该是点到为止，不要太过激。

要点四：要给他们安排足够的娱乐时间和空间

黄色性格的人认为人生就是游戏，游戏就是人生。他们善于把很枯燥的事变成游戏来做，能把复杂的事情简单化、娱乐化。这样的人好不好呢？太好了！他们永远都是个大孩子，而且他们的晚年生活会比其他老人过得好，因为他们有兴致玩，也特别会玩。

要点五：一定要经常检查他们做事的进度

黄色性格的孩子玩性太大，干正事的时候，很难长时间坚持，所以需要不断地提醒他们：作业写完了没有？还有多少？他们容易边写边玩。还会忘记需要完成的任务。

所有的父母都希望孩子改掉缺点。对于黄色性格的孩子来说，要想让他们改正缺点有一个最简单、最容易的方法，就是表扬他们。如果他们写作业很潦草，你可以说：我觉得你今天的作业比以前工整了一些啊。其实一点儿都没工整，但你千万不要责备他。这样你会惊奇地发现，接下来的一段时间里，他的作业写得越来越工整。有句老说这样说孩子："就像小驴子一样，得顺着它的毛摸它，越摸越光。"黄色性格的孩子就是这样，需要别人顺着他的意。

绿色性格

绿色性格是最内向、最不愿意说话的，很多时候他们没有说的欲望，其实心里都明白着呢。

建议父母跟绿色性格的孩子建立起一个习惯，就是每天都安排一段时间作为"温馨时光"，一周至少一次，每次时间可长可短。但这段时间一定是以孩子为主角的。在这个时间里让孩子想说什么就说什么，父母不可以有批评、教导，更不可以有指责，以后也绝对不可以拿这个时间里的话来说事，要绝对保证是温馨时光。孩子上小学的时候，坚持这样做，会让他们有一个极其安全的心理港湾。

要点一：下指令速度不可以太快

可能是因为大人们太忙了，所以为了尽快解决问题，总是急匆匆地下指令，习惯用大人的节奏去要求孩子，于是大人和孩子经常不在一个"频道"里，却要说着同一频道里的事，这也是亲子之间发生冲突的重要原因之一。对于绿色性格的孩子，父母们要蹲下来，慢慢地进行询问，然后再适时地下指令。同时，下指令时的语速不要太快，这样才更适合绿色性格孩子的节奏。

要点二：不可以同时下达好几个指令

无论什么性格，对于小孩子来说，本身就不应该一次性下太多的指令，孩子会无所适从。一旦他们感觉到完成这些任务太难了，第一选择就是放弃或者逃避。而对于绿色性格的孩子就更不能一次性下若干指令，因为绿色性格的孩子的行为本来就比较慢，一次下达太多的指令，会让孩子感到任务是绝不可能完成的。

要点三：第一次教他们做事时，一定要手把手地教

有很多绿色性格的孩子不太愿意"动"，他们动手的速度要比其他的孩子稍微慢一些，能力稍微弱一点。所以，这就需要父母在第一次教他们做事情时，手把手地教。而且通常绿色性格的孩子是天生的慢性子，他们做什么事情给你的感觉都是漫不经心的，为了克服他们的漫不经心，你一定要多用心，比如：要抓他们的手，告诉他们袜子要怎么洗，这个字的笔顺要怎么写，一定得握着他们的手让他们找到那份"动"的感觉。

要点四：要经常鼓励他们表达自己的想法

如何与绿色性格的孩子沟通是一件难事，你要琢磨他们。他们喜怒不形于色，所以你很难知道他们是怎么想的，他们的脸上经常是没有什么表情的。所以，温馨时光的建立对于绿色性格的孩子尤为重要。不了解他

们，你就不知道该关照哪些地方，哪些地方又是特别需要你帮助的。

要点五：一定不要说他们磨蹭

绿色性格的人一生当中听到最多的两个字就是"磨蹭"，经常被别人埋怨太慢了、太磨蹭了！而这两个字会让他们一辈子都深受其害。所以说，如果你有一个绿色性格的孩子，就请在你的字典里把"磨蹭"两个字删除吧，一定要彻底删除。磨蹭是一个负面的词，是很伤人的，你完全可以用别的话来代替磨蹭，如："宝宝再快一些可以吗？妈妈在等你。""宝贝儿你真棒，你可比之前快多了！"这不是同样可以表达你的意思吗？

二、营造良好的家庭环境

家庭氛围

家庭氛围对孩子性格的培养同样重要。和谐的家庭氛围容易培养积极向上的孩子，压抑的家庭氛围则会毁掉一个优秀的孩子。

父母教育比较宽松、民主，则孩子独立、大胆、机灵，善于与别人交往协作，有较强的分析思考能力；父母过于严厉、权威，经常打骂，孩子则顽固、冷酷无情、倔强或缺乏自信心及自尊心；父母过于溺爱，孩子就任性、缺乏独立性、情绪不稳定、骄傲、经不起打击；父母过于保护孩子，则孩子被动、依赖、沉默、缺乏自理及社交能力。所以一个和睦的、互相尊重的、互相理解的、在事业和生活上都互相支持的家庭气氛，对孩子好性格的形成有非常积极的影响。

恰当的家庭地位

地位太低，会使孩子感觉不到自身存在的价值，从而产生自卑心理，甚至是极端的厌世情绪。地位太高，把孩子当成家中的"小太阳"，会使孩子变得自私自利、无所顾忌、任性妄为。所以，在家庭中，要给予孩子的既不是打压和无视，也不是溺爱和包庇，而是正常合理的教导和关爱。

家庭成员

有研究表明,来自两代人家庭的儿童在好奇心、坚持性、伙伴威望、社交关系及对劳动态度上均优于来自三代人家庭的儿童。这主要是与三代人家庭中爷爷奶奶对孩子的溺爱等因素有关。隔代培养,即与爷爷奶奶生活在一起的孩子在性格上更容易出现问题。

家庭管教方式

民主型:孩子的认知能力与人际交往能力均表现优异,自信心强,积极、主动。

溺爱型:孩子在学业方面与人际沟通方面都比较差,自我控制能力低。

权威型:孩子在认知与人际沟通方面都不错,但是没有自信心,也比较从众。

冷漠型:孩子对人、事都持有冷漠的敌意,学业表现不好,人际关系也差。

孩子就像是一块橡皮泥,可塑性极高,父母如何教导,将影响他成为怎样的人。因此正确的教导方式,以及优良的成长环境是孩子成长过程中极其关键的要素。

三、六个方面需要重点培养

社交能力

能和周围的人和谐相处,愿意主动照顾他人。父母可鼓励孩子结交更多的朋友,融入更多的朋友圈中。

独立性

生活与精神双重独立,不仅可以在生活上照顾自己,还可以在精神上做到独立自主、充满信心、善于交际。

自制力

可以从大局出发,牺牲小我,约束自我,有强烈的自觉性。

韧性

遇到问题永不言弃,学会开动大脑思考,想方法解决。父母应支持孩子的想法,协助其运用到实际生活。

勇敢的品格

遇到问题不莽撞,可冷静对待,做出正确的选择,这就需要父母引导孩子在平时不断磨合。

积极向上的心态

一个拥有乐观心态的孩子,不仅会身体健康,孩子的幸福感、求知欲也会更强。父母要多鼓励孩子凡事多从乐观的角度去想,接受不能改变的事,积极改变可以改变的事;帮助孩子找解决问题的方法;培养孩子广泛的兴趣,让孩子的生活更充实。

四、父母自身要足够好

父母想要孩子有好性格,自己就得先有好性格。如果父母每天针尖对麦芒,你不让我,我不让你,孩子生活在这样的环境里,能有一个好性格吗?孩子的性格出了问题,首先得从父母身上找原因。孩子都是父母的"翻版":父母性情温和、待人友善,孩子会性情暴躁、出言不逊吗?父母怨天尤人、吵闹不休,孩子享受不到家庭的温暖,心里暗淡无光,能有阳光般的性格吗?父母要培养、教育孩子,先得反思、教育自己。

俗话说得好,言教不如身教。要培养孩子的良好性格,家长必须以身作则,形成一个良好的家庭氛围,家长自己必须对未来、对生活充满乐观态度,有充分的自信,对新鲜事物充满热情,对弱者充满同情之心,在任何情况下,都不要悲观失望。在这一环境之中,孩子才有可能形成良好的性格,从而健康成长。

如果父母只顾着教育孩子的学习,关注孩子性格的培养及心理的发育,却忽略了自身的性格缺陷,这样很容易使孩子产生"为什么要我这样,你却那样"的逆反心理,从而使得再好的教育方法也派不上用场。"凭什么你一天可以抽一包烟,却不许我吸烟呢?""为什么你一玩手机就玩到半夜,却不准我碰电脑呢?"正所谓"正人先正己",父母首先要做一个拥有良好性格的人,要做到胸中有爱、心中有光,这样才会让孩子拥有可以模仿的榜样。